CUT&SEW

CUT&SEW

# CUT&SEW
# 我的極簡舒適手作服

**拷克機**作的T恤&針織服&帽T

# Contents

## 前言

運用拷克機來製作針織休閒服，
比起製作一般服裝，更易作出不同質感。
請嘗試看看，一定可以體會其中的樂趣！
輕鬆製作喜愛的服裝款式，縫製出各種不同的針織服。
上手之後，也可以試著製作家人或朋友的服裝。
不論女性、男性或小孩！
穿起來都非常百搭有型喔！

かたやまゆうこ

## 專業名詞

作品頁面所記載的完成尺寸，是以右圖標示的樣子所測量出來的。

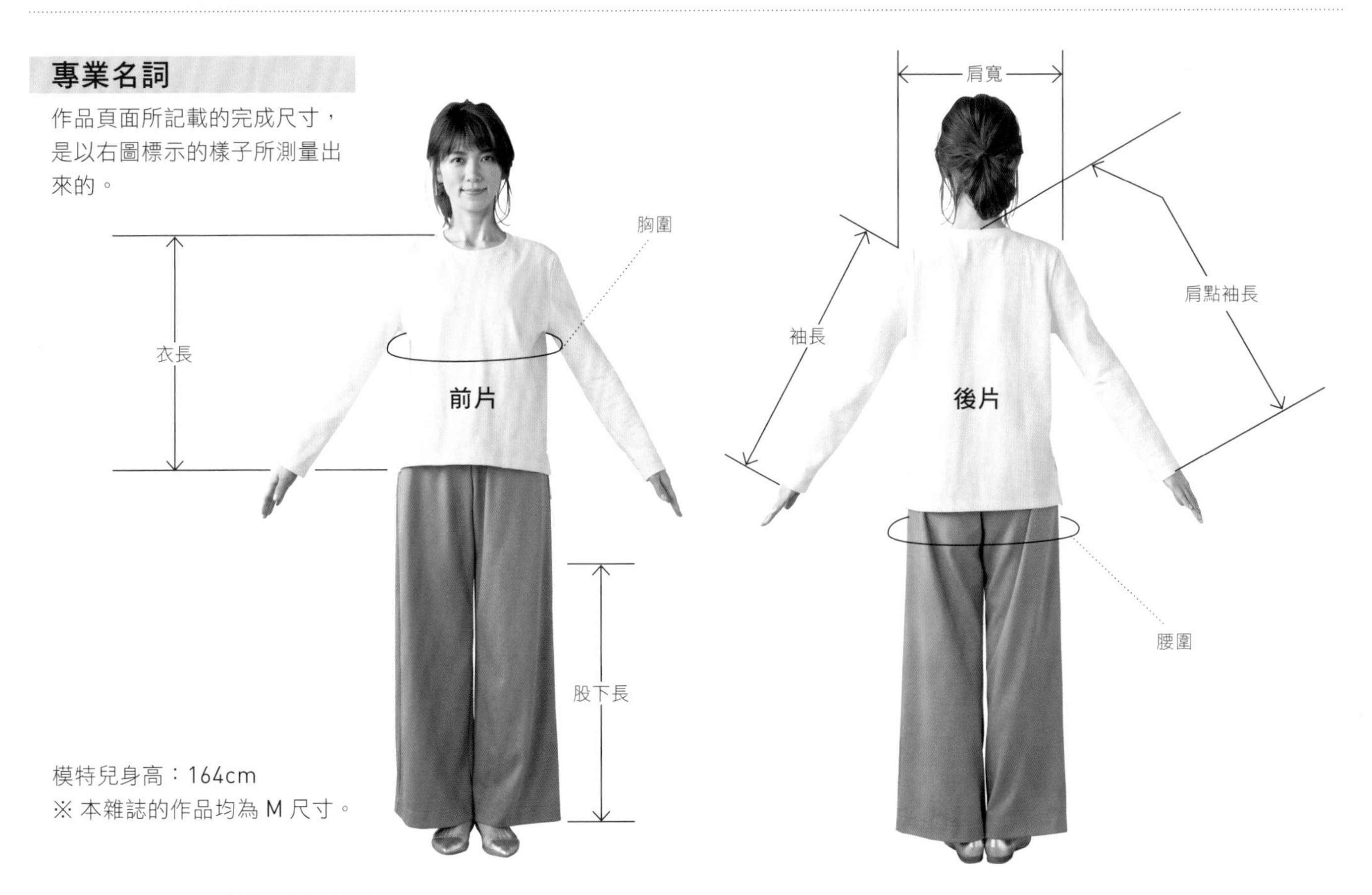


模特兒身高：164cm
※ 本雜誌的作品均為 M 尺寸。

## 參考尺寸表

（單位 cm）

| 尺寸 | | 胸圍 | 臀圍 | 身長 | 袖長 | 股下長 |
|---|---|---|---|---|---|---|
| 兒童 | 110 | 58 | 62 | 110 | 37.5 | 44 |
| | 120 | 62 | 66 | 120 | 41 | 49 |
| | 130 | 66 | 72 | 130 | 45 | 54 |
| | 140 | 70 | 76 | 140 | 47 | 60 |
| | 150 | 74 | 80 | 150 | 49 | 65 |
| 女性 | S | 78 | 84.5 | 155 | 50.5 | 68.5 |
| 男性尺寸 S | M | 84 | 90 | 160 | 52 | 71 |
| 男性尺寸 M | L | 90 | 96.5 | 165 | 53.5 | 73 |
| 男性尺寸 L | 2L | 96 | 103 | 170 | 55 | 75.5 |
| 男性尺寸 2L | 3L | 102 | 109 | 175 | 56.5 | 77.5 |

＊原寸紙型及製作尺寸表為女性、兒童尺寸為主。
＊製作男性款式時，請參考標示男性的大約尺寸，選擇女性原寸紙型，確認作品的完成尺寸後，加以修改製作。
＊袖長或是修改衣長方法，請參考 P.63。

# 拷克機

## 基本設定

本書使用的是2針4線的拷克機。拷克機是可以同時處理布邊和縫合的機器，能夠漂亮地縫製伸縮性強的布料，是製作彈性素材時不可或缺的裁縫機器。本書除了介紹服裝的製作方法，也有機器的操作方法。

### 關於縫針

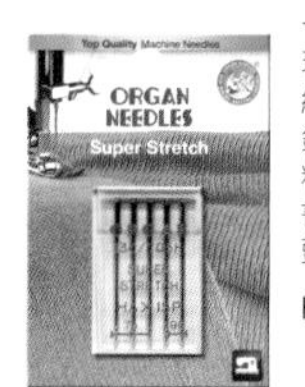


一般的布料也會使用拷克機處理布邊，所以一般拷克機的車縫針不是專業的針織布用車縫針。這時要將縫針改為不傷布料的針織布專用圓形針頭，本書使用的是針織布專用圓形針頭11號。

HA×1SP／ORGAN針

### 關於縫線

60 號

90 號

拷克機一般推薦使用60號的針織布專用縫線。較薄的針織布則使用90號專用縫線（KING SPUN和HI SPUN），如果四條線無法使用同一種類。也可以採用不同色系、粗細的縫線。只要左針和上針選擇和布料相近的顏色即可。

## JANOME

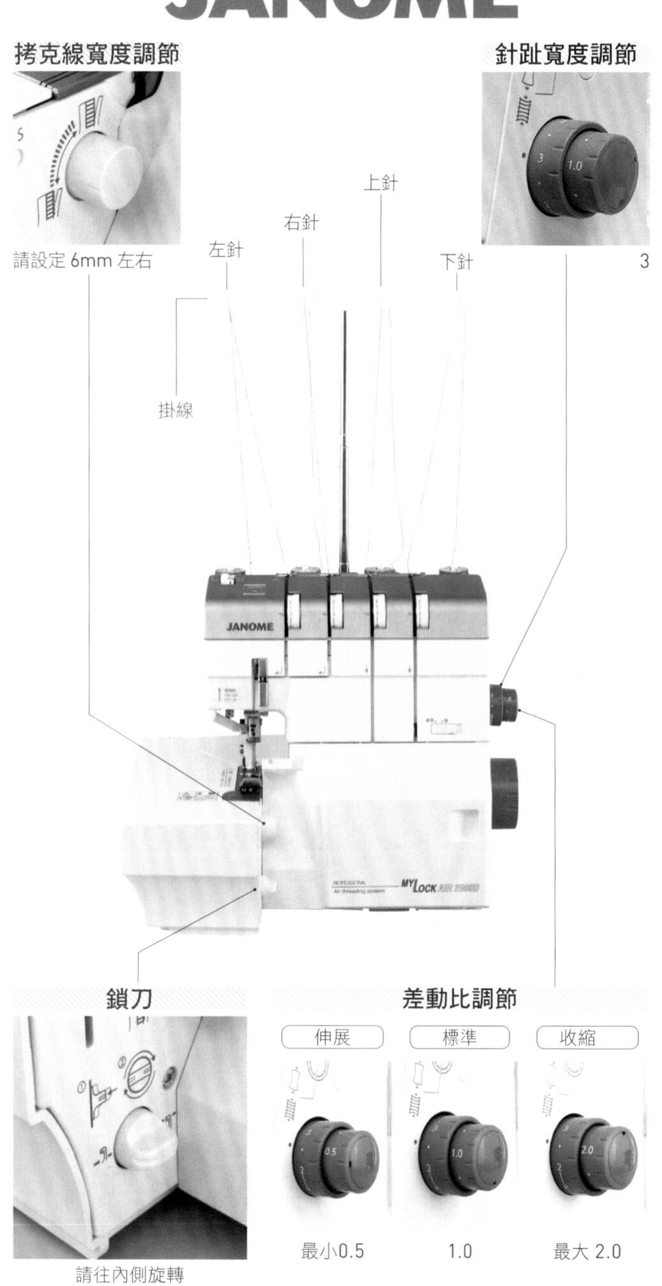


鎖刀

請往內側旋轉

差動比調節

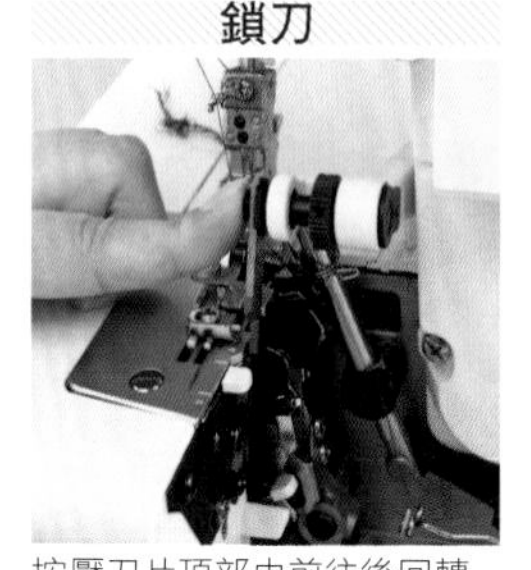

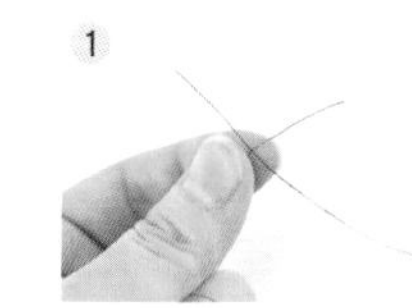

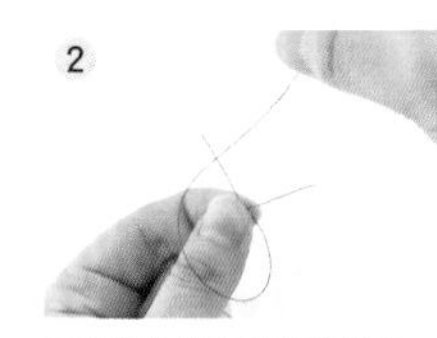

| 伸展 | 標準 | 收縮 |
|---|---|---|
| 最小0.5 | 1.0 | 最大 2.0 |

## JUKI

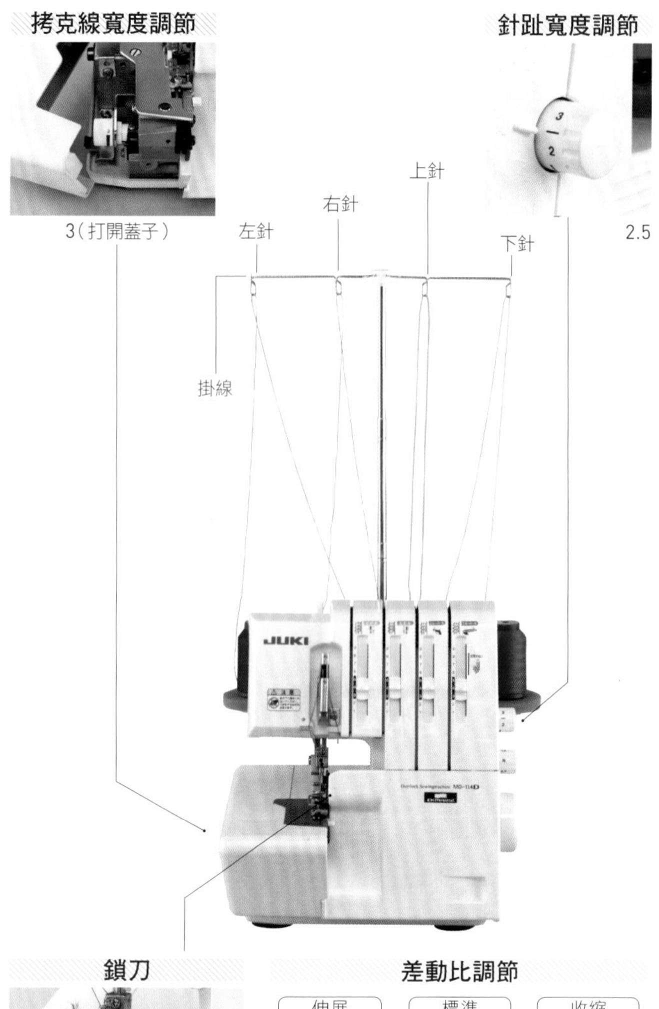


鎖刀

按壓刀片頂部由前往後回轉

差動比調節

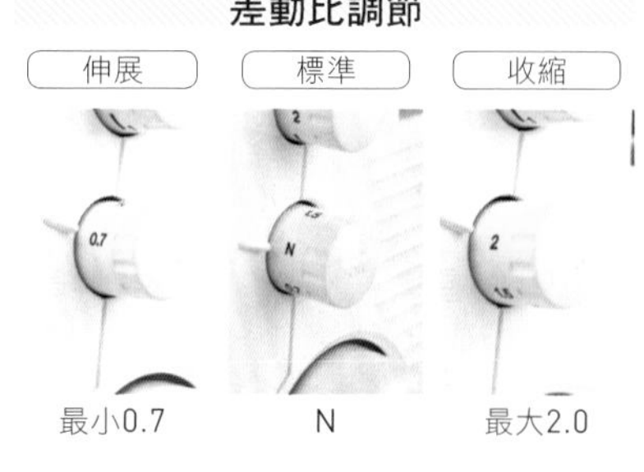

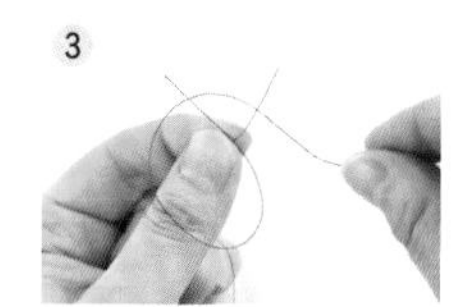

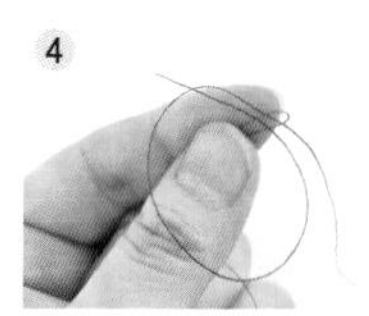

| 伸展 | 標準 | 收縮 |
|---|---|---|
| 最小0.7 | N | 最大2.0 |

## 拷克線的換線

交換縫線時不需要整條線拆下來，只須要在掛線剪掉縫線，並打結接著要使用的縫線即可輕鬆換線。請參考右側綁結法，結頭小才容易穿過縫針，且不易鬆脫。有時會無法順利穿過縫針，請小心更換4條線之後，使用碎布試車，確認是否已更換所有縫線。

1 紅線從後側重疊藍線，左大拇指和食指按住交叉點。

2 拉起藍色線根部製作線環，藍色線端往後繞過。

3 紅線繞過前面到藍線。

4 反摺紅線邊端，以左大拇指壓住。

→

## 拷克線寬度調節

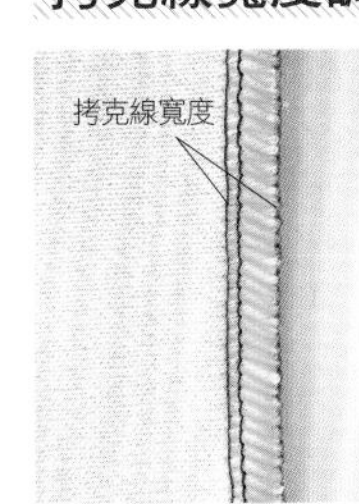


設定縫線的寬度。一般設定6至7mm左右。

## 針趾寬度調節

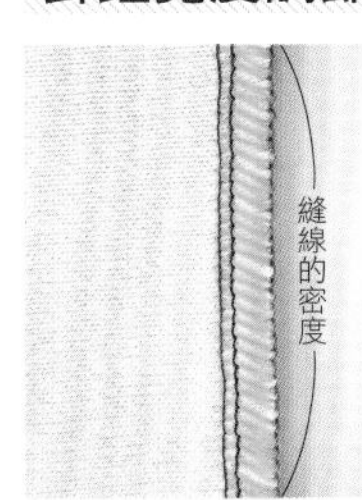


可以調解縫線的密度，依照各機器設定的標準值。

## 差動比調節

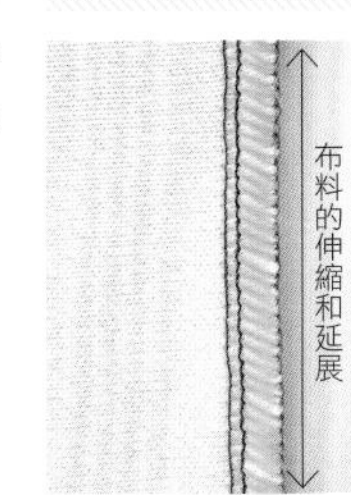


用來調節布料的伸縮性。依照各機器設定的標準值，但請在縫製之前一定要使用碎布試縫一下，如果布邊呈波浪狀則需調密，如果太收縮則需調鬆。

## 鎖刀

拷克機附有刀片，可以一邊拷克一邊切除布邊。如果不想切除布邊，請將刀片鎖起即可。

---

## brother

### 拷克線寬度調節

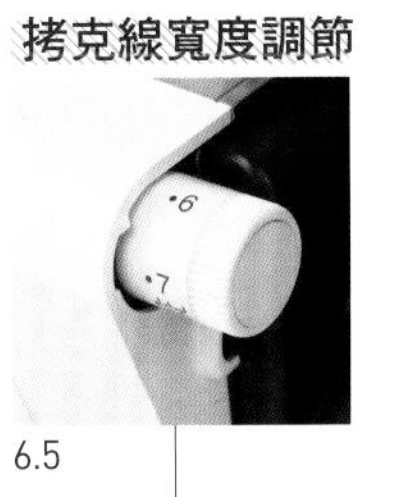

### 針趾寬度調節

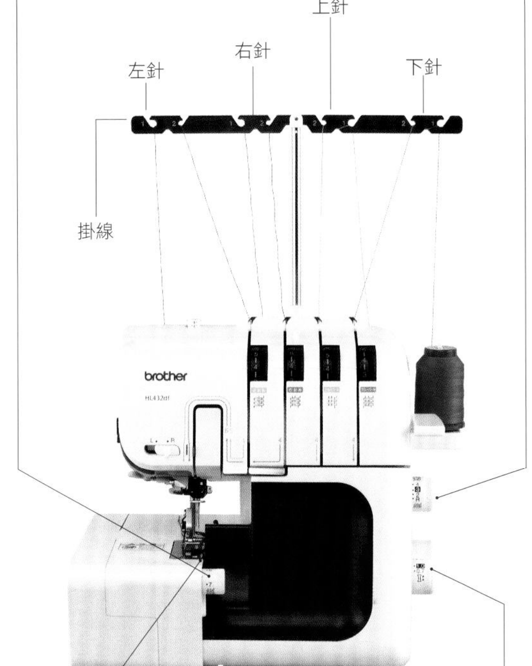


### 鎖刀

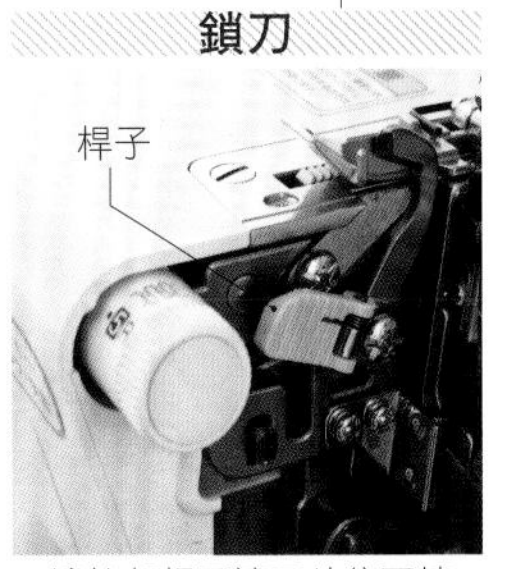


一邊拉起桿子讓刀片往下轉。

### 差動比調節

| 伸展 | 標準 | 收縮 |
|---|---|---|
| 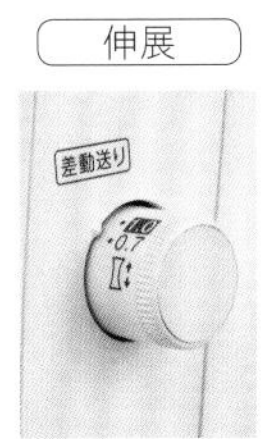 | 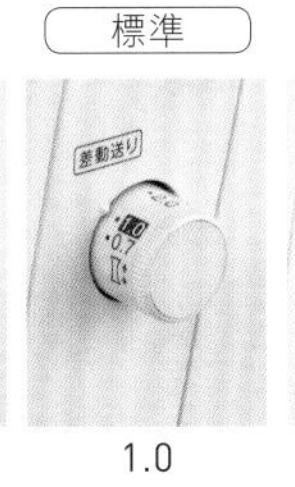 | 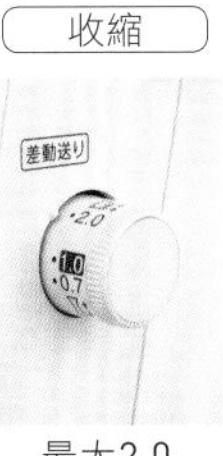 |
| 最小0.7 | 1.0 | 最大2.0 |

## baby lock

### 拷克線寬度調節

### 針趾寬度調節

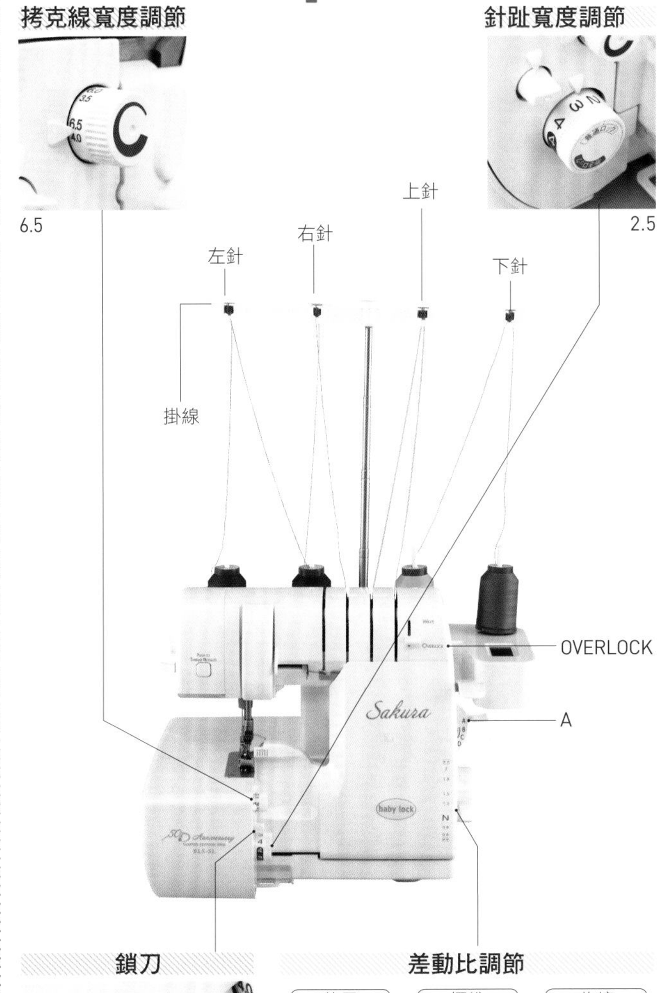


### 鎖刀

轉到可以看到 LOCK 文字處

### 差動比調節

| 伸展 | 標準 | 收縮 |
|---|---|---|
| 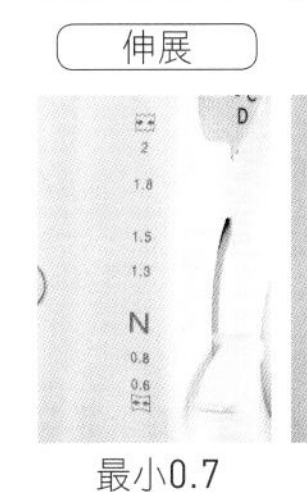 | 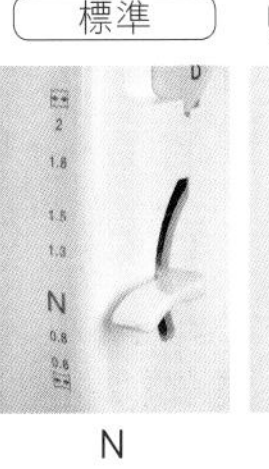 | 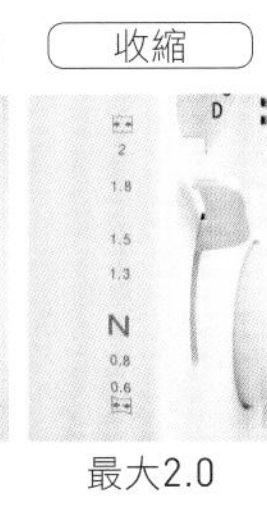 |
| 最小0.7 | N | 最大2.0 |

---

5

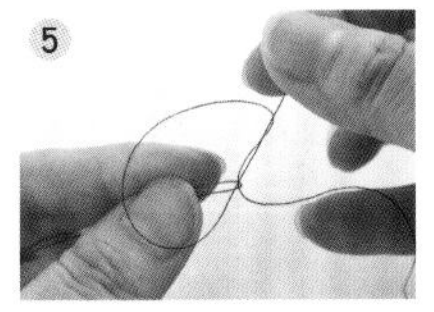

右手食指和大拇指夾起藍線頭，小指頭掛住線，一起拉扯。

6

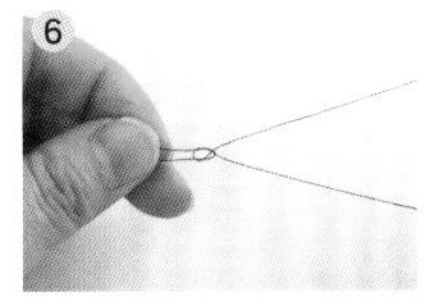

左右手平均拉扯紅和藍色打結。

7

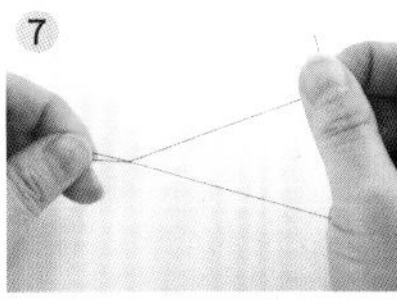

只要打小結，不論拉扯哪一邊都不會鬆脫即可。如果會鬆動需要重新打結。

## 拆除拷克線方法

1

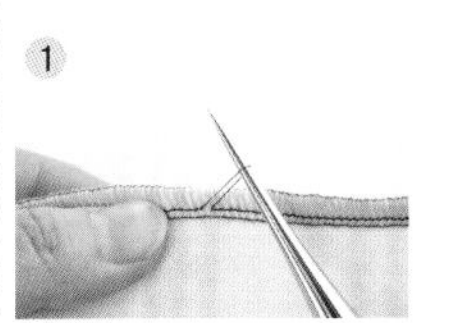

以錐子挑起右針（藍色）縫線拔起。

2

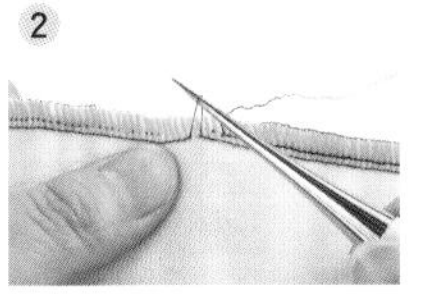

以錐子挑起左針（紅色）縫線拔起。

3

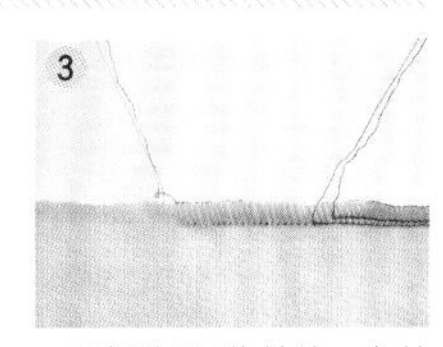

只要拆除了2條縫線，上針（黃）和下針（綠）就會自動解開。

# 繃縫機

## 基本設定

大多用於處理下襬的機器。這本書主要是以拷克機製作服裝，所以即使沒有繃縫機也沒關係。但如果有繃縫機，可以更輕鬆的製作出好的服裝。因此也順便介紹繃縫機的使用方法。

### 關於縫目

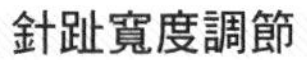

正面　背面

表面看起來有2條車縫線。雖然也有製作表面3條車縫線用途。這次不使用中間縫針，只使用2支縫針製作。背面呈現拷克線，可以隱藏邊端拷克線不被發現。

## JANOME

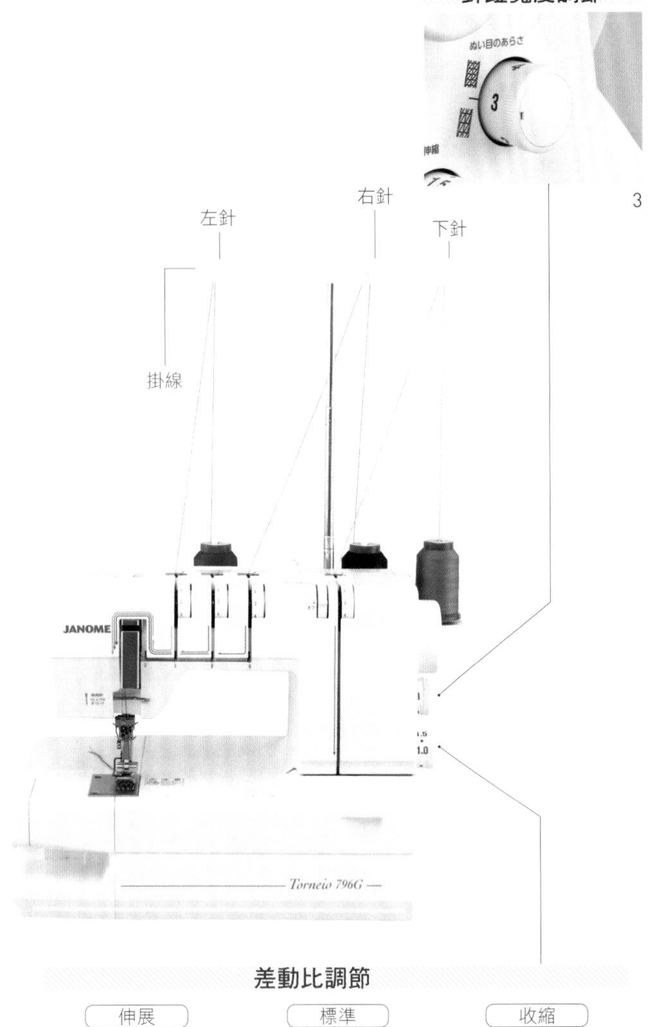


### 差動比調節

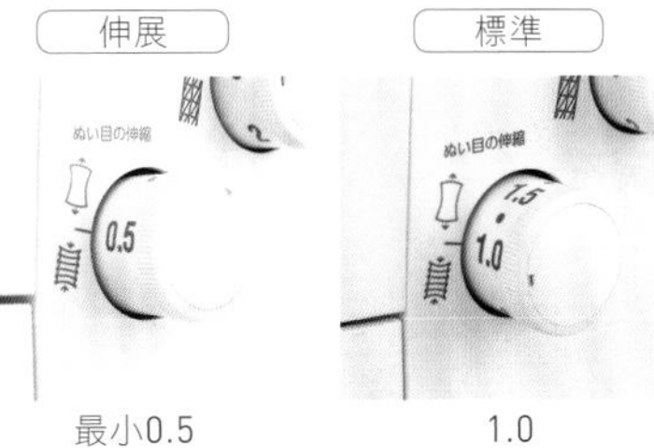
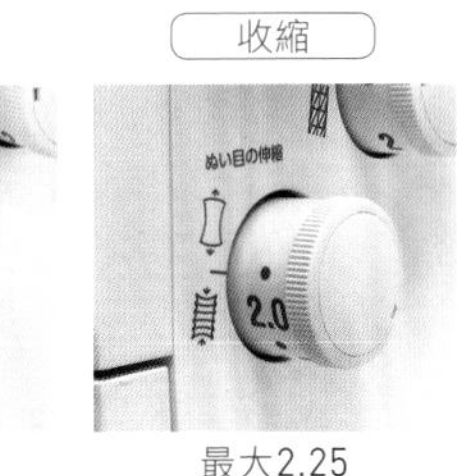


最小0.5　1.0　最大2.25

## JUKI

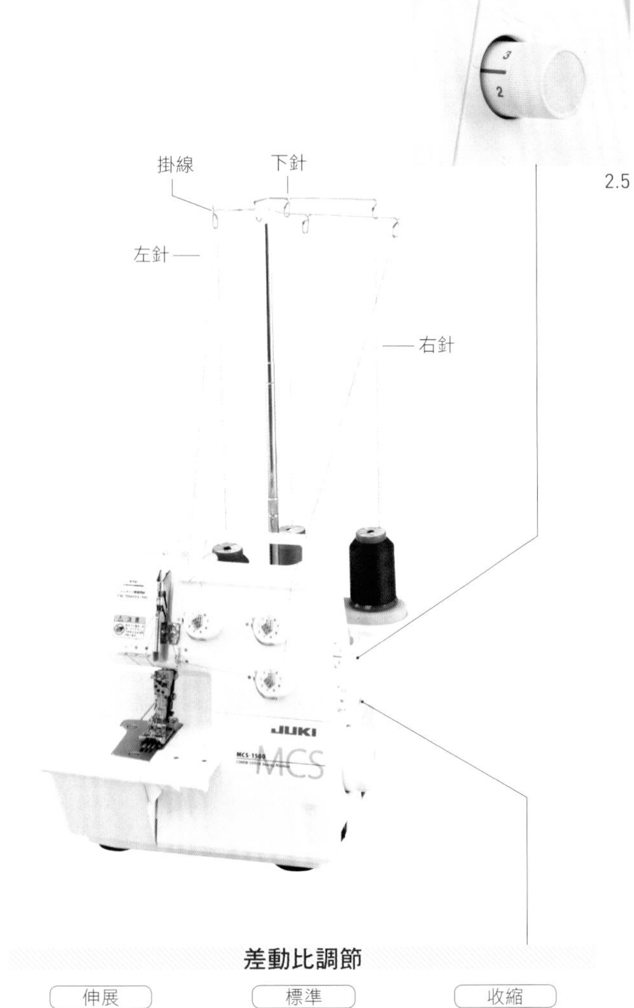


### 差動比調節

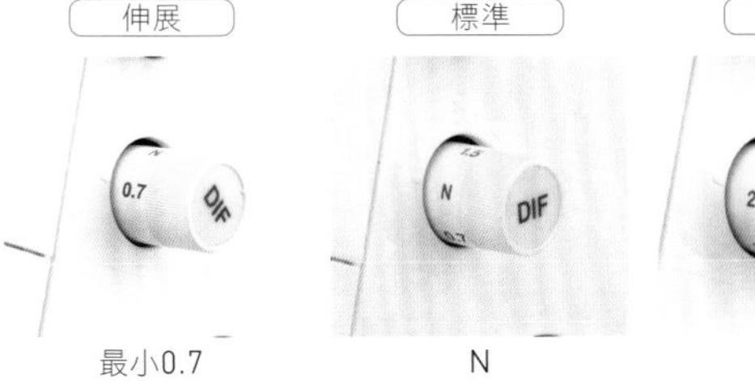


最小0.7　N　最大2

## 繃縫機使用方法（筒狀）

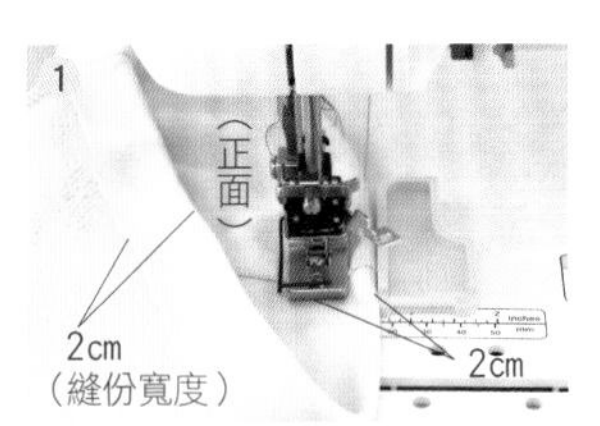


縫份先熨燙整齊，正面朝上，布端對齊左針放置。

可以引導車縫寬度便利縫製。／CLOVER（株）

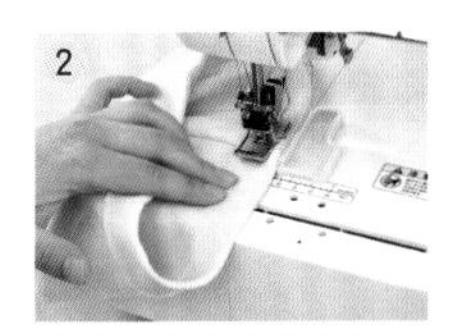

以左手指確認布端的階差，以及布端對齊左針放置，可以防止落針情況發生。

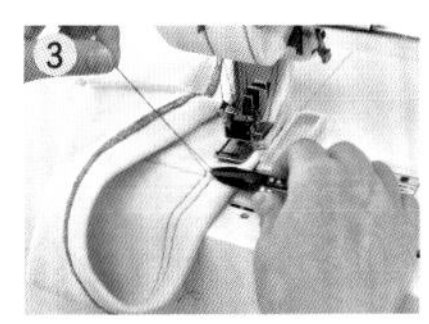

開始車縫，裁剪始縫處縫線。

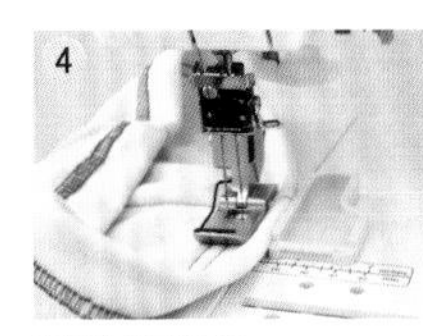

重疊始縫處3至4cm。

拿起布料的方法

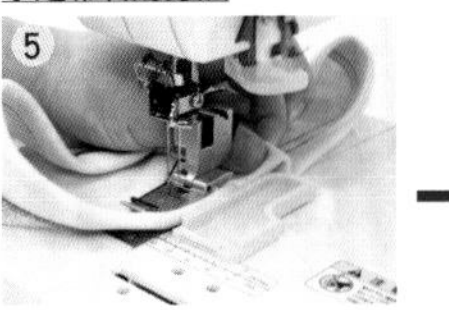

拉起壓布腳，抓住壓布腳後方的布料，往後拉出15cm左右即可。

→

## 關於縫針

繃縫機主要是用來縫製針織布料。所以原本就附有針織布專用縫針。不同種類機器均有其專用縫針。這本書介紹的針織布是使用11號或12號縫針。

## 關於縫線

60號

90號

繃縫機推薦使用60號的針織布專用縫線。較薄的布料可以選擇90號的拷克縫線。如果沒有3卷相同的縫線，下針使用的縫線可以使用替代縫線。

## 針趾寬度調節

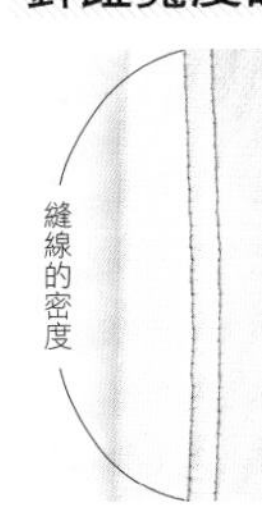


可以調解縫線的密度。依照各機器設定的標準值。

## 差動比調節

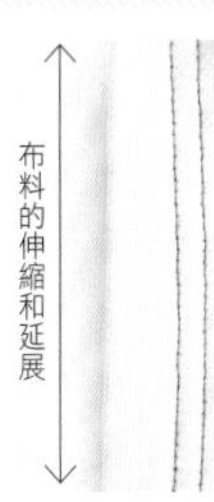


用來調節布料的伸縮性。依照各機器設定的標準值，但縫製之前一定要使用碎布試縫，如果布邊呈波浪狀則需調密，如果太收縮則需調鬆。

## brother

### 針趾寬度調節

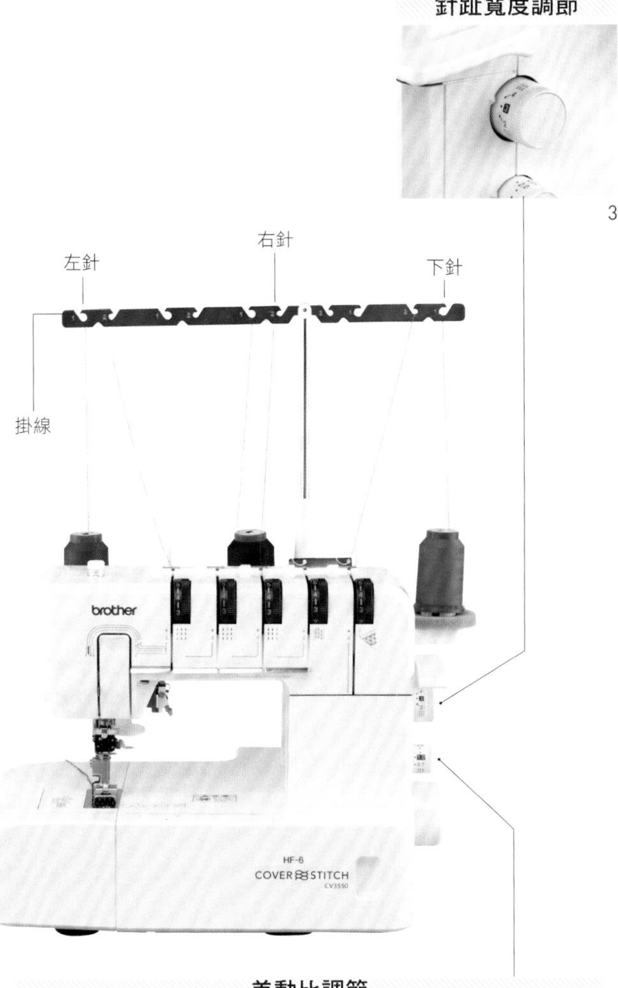


### 差動比調節

伸展

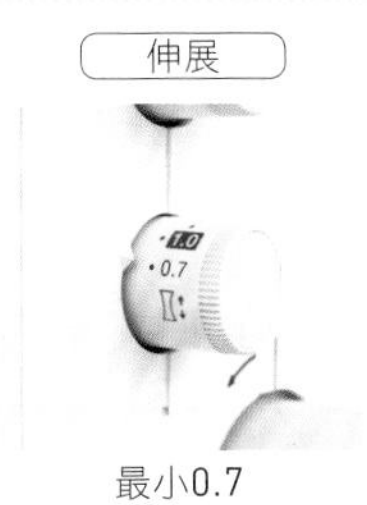

最小0.7

標準

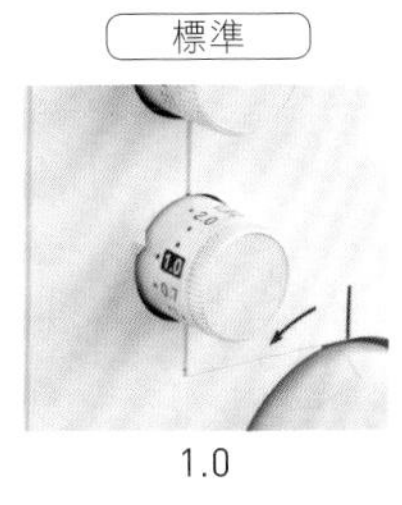

1.0

收縮

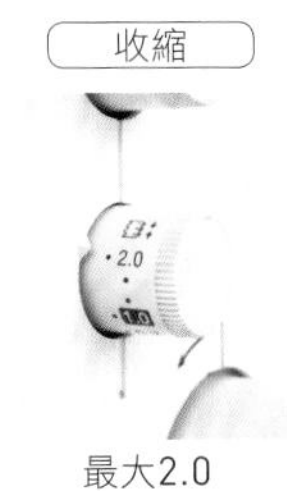

最大2.0

## baby lock

### 針趾寬度調節

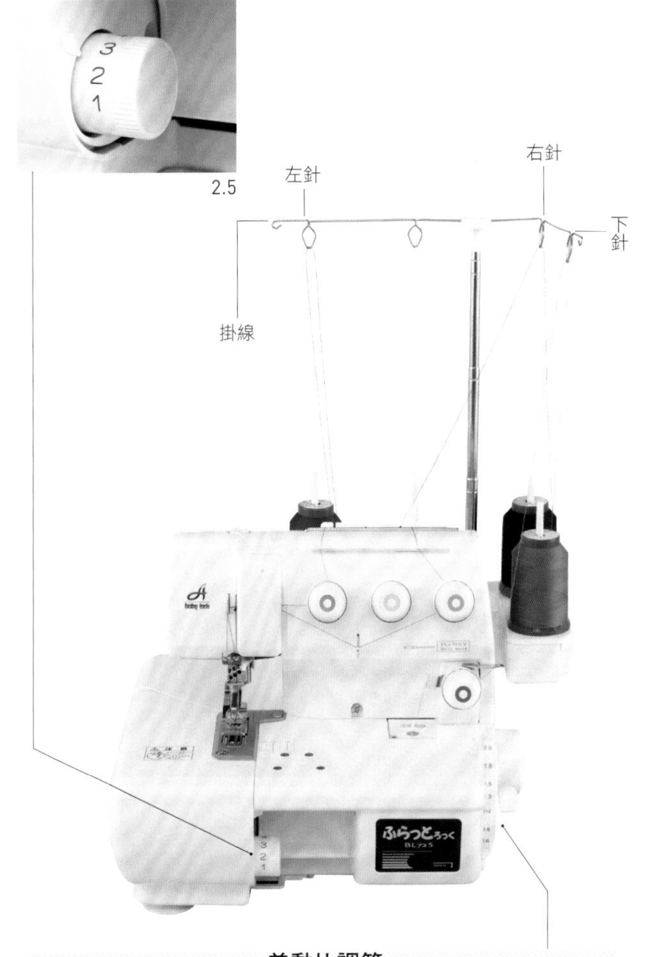


### 差動比調節

伸展

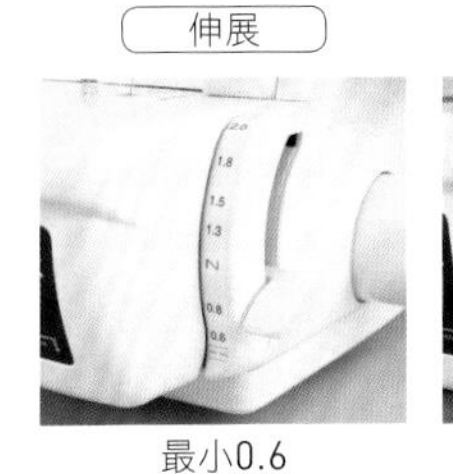

最小0.6

標準

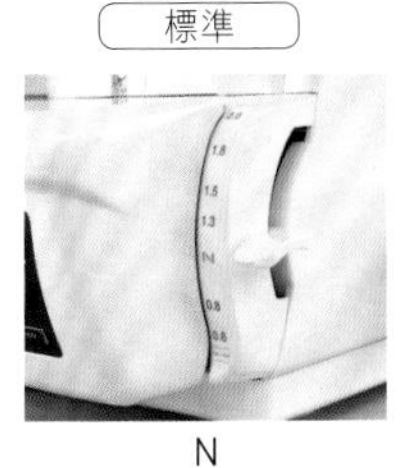

N

收縮

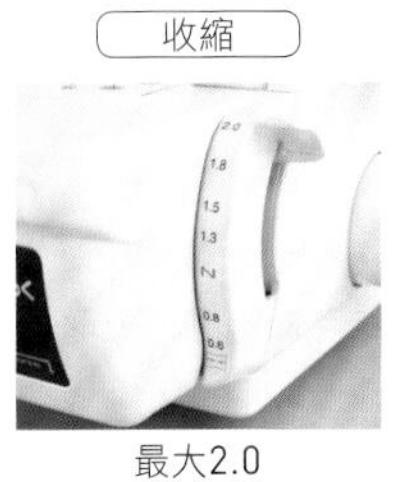

最大2.0

**縫線裁剪方法**

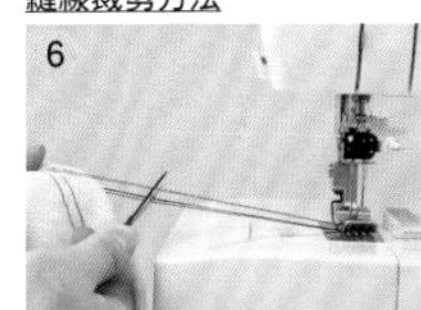

6 如圖片的角度拉住縫線，將分成兩條線的上段線（左針和右針）剪掉。

7 拉扯布料時，會拉出一條縫線直接裁剪。※請從沒有縫目處拉出。

8 布的背面拉出三條縫線。使用縫針將縫線穿入拷克線內。

## 拆除繃縫線方法

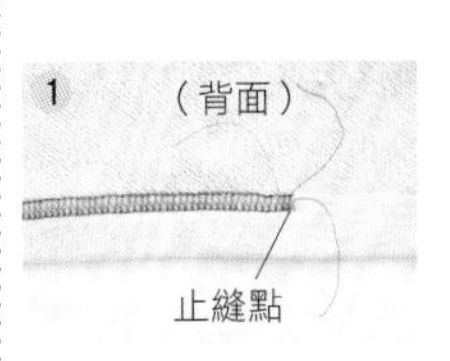


1 從布料背面拉出三條縫線。

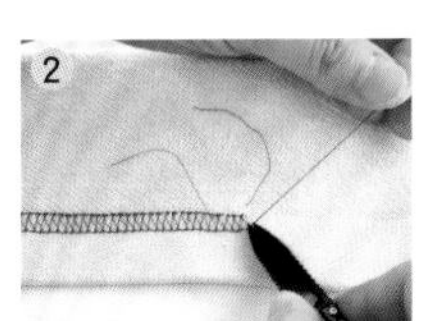

2 左針（紅）和右針（藍色）根部處裁剪。下針（綠色）勿裁剪。

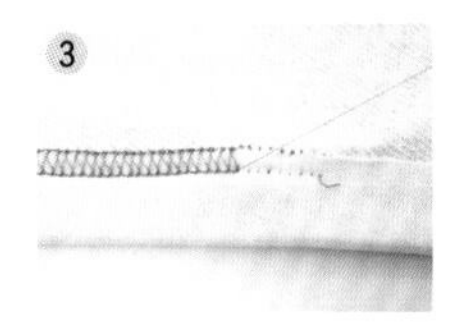

3 拉出下針（綠色），縫線就會全部鬆開。

隨著個人喜好，

有些人喜愛寬鬆款式、有些人喜愛合身款式。

這就是 T 恤的百變風貌。

不論是男性、女性、男孩、女孩，

這裡建構了大家都可以穿的原型。

縫製 T 恤可以讓人增添手作的自信感，

試著從這裡開始製作第一件衣服吧！

# 1

| 短袖 T 恤 |

圓領短袖T恤，是最基本款的T恤。合身的尺寸搭配稍微落肩設計，穿起來很舒適。想要合身一點的剪裁，也可以選擇小一號的尺寸。

尺寸 | 110～3L

製作方法 | P.8

使用布料

棉質條紋布（j-80170-147深藍）／mocamocha

推薦素材

推薦棉質或是化纖混紡的平紋布，布端不會捲曲，較好車縫。觸感舒適，適合兒童穿著。伸縮性強的羅紋布料，也是很好的選擇。

# 1 短袖T恤製作方法

原寸紙型A面

| 尺寸 | 完成尺寸（cm） | | | | 布料用量 |
|---|---|---|---|---|---|
| | 身長 | 胸圍 | 肩寬 | 袖長 | 寬150cm |
| 110 | 39 | 69 | 28 | 14.5 | 60cm |
| 120 | 43 | 74 | 30 | 15.5 | 60cm |
| 130 | 46.5 | 78.5 | 32 | 17 | 60cm |
| 140 | 50 | 83 | 34 | 18.5 | 70cm |
| 150 | 53.5 | 88 | 36 | 19.5 | 70cm |
| S | 55 | 93 | 38 | 20.5 | 70cm |
| M | 57 | 100 | 41 | 21 | 80cm |
| L | 59 | 107 | 43.5 | 21.5 | 1m |
| 2L | 60.5 | 114 | 47 | 22.5 | 1m |
| 3L | 62.5 | 121.5 | 49.5 | 23 | 1m |

各尺寸共用材料

・止伸襯布條0.9cm 寬40cm

＊原寸紙型無需另加縫份

● 記號中的數字代表紙型所包含的縫份，沒有指示處則為包含1cm縫份。

— 代表合印記號，剪入0.3cm牙口作記號。

## 布料裁剪方法
（M尺寸）

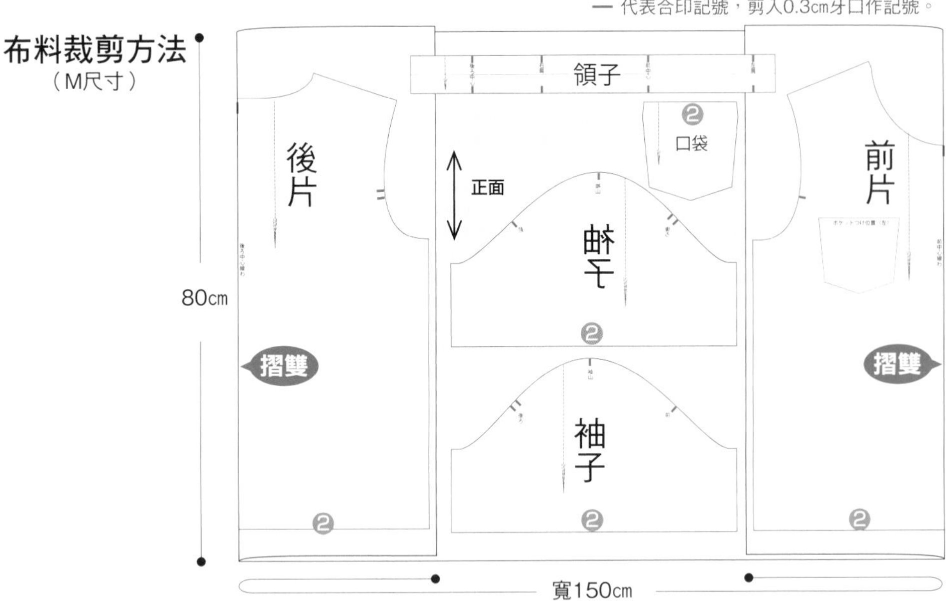


## 1.裁剪布料

製作圖片使用的布料
棉質條紋布（J-180170-147米色）／mocamocha

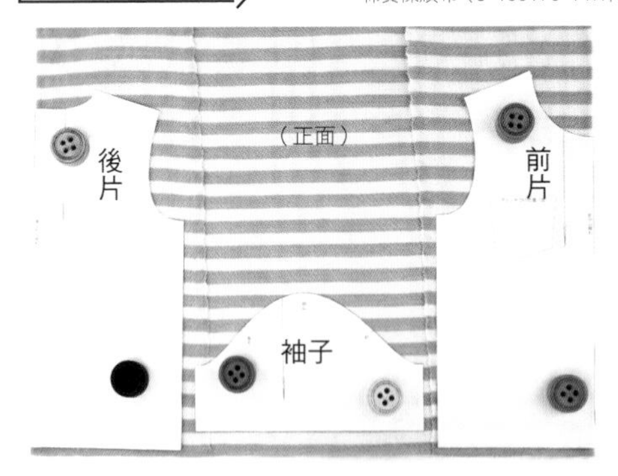


1 參考裁布方法摺疊布料，放置紙型以文鎮固定。紙型原本就附有縫份，依紙型裁剪。

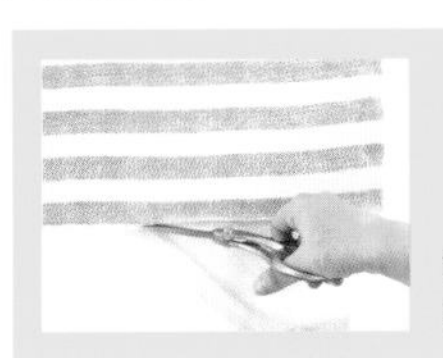

條紋圖案
***Point 1***

裁剪前請對齊條紋圖案。

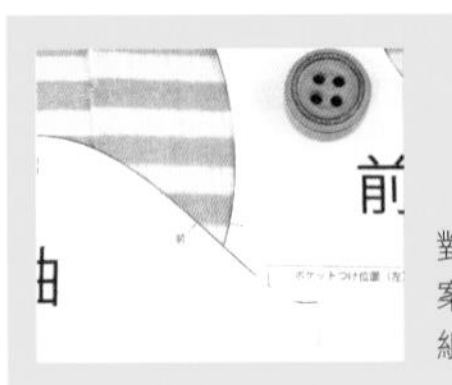

條紋圖案
***Point 2***

對齊身片和袖子圖案的合印記號，在紙型畫上圖案。

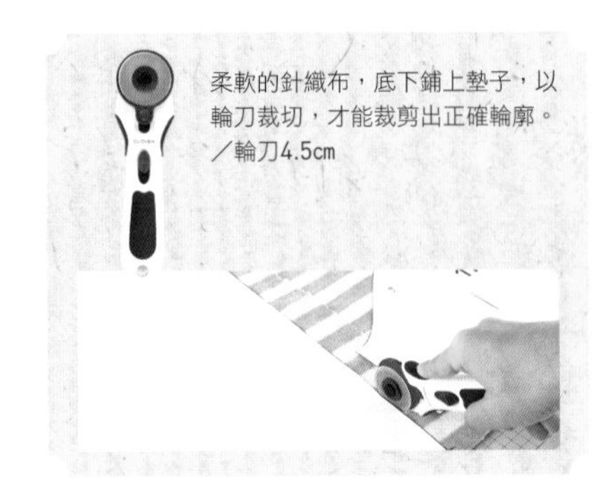

柔軟的針織布，底下鋪上墊子，以輪刀裁切，才能裁剪出正確輪廓。／輪刀4.5cm

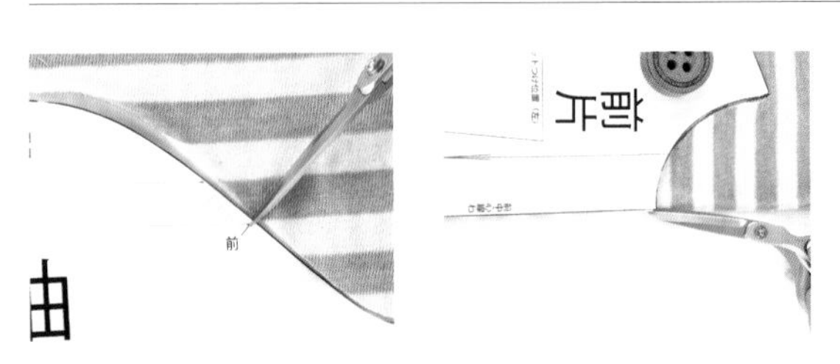

2 沿紙型裁剪後，作上合印記號（0.3cm牙口）再行移動。

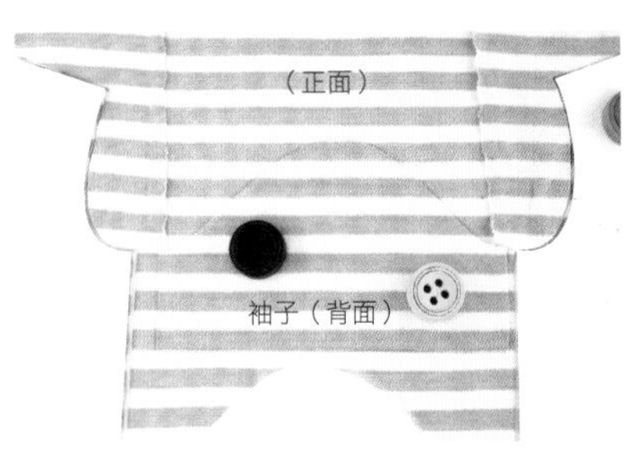


3 裁剪另一片袖子。各自裁剪的話，可將裁剪好的袖子正面相對重疊一起裁剪，除了避免失敗，又可以對齊圖案。

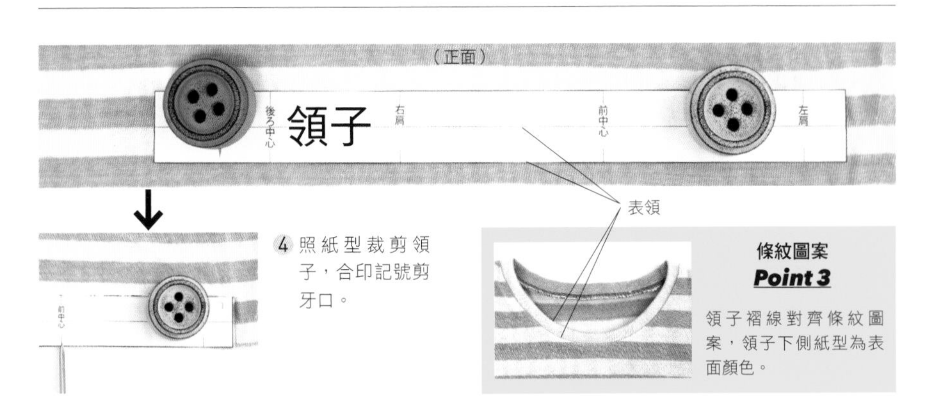


4 照紙型裁剪領子，合印記號剪牙口。

條紋圖案
***Point 3***

領子褶線對齊條紋圖案，領子下側紙型為表面顏色。

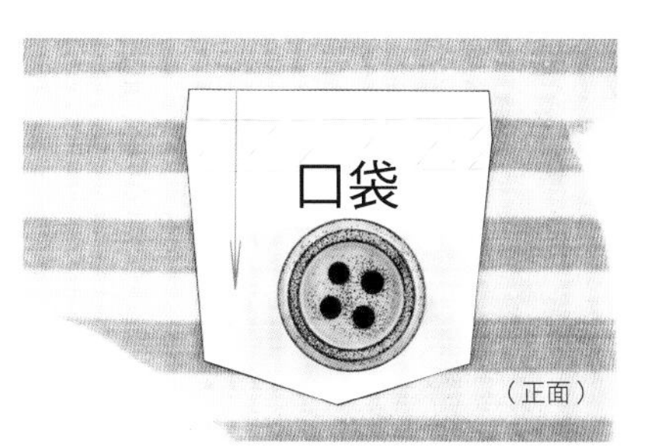


5 沿紙型裁剪口袋。

條紋圖案
**Point 4**

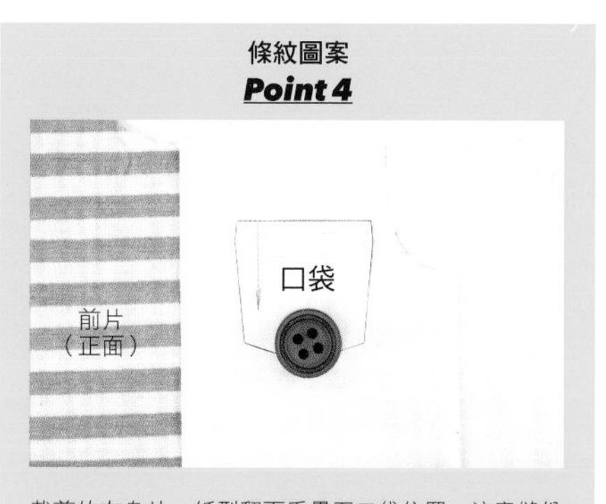


裁剪的左身片，紙型翻面重疊至口袋位置，注意縫份寬度重疊。身片畫上條紋圖案。

## 2. 貼上止伸襯布條

後片肩線貼上止伸襯布條。

柔軟／輕薄的針織止伸襯布條。0.9至1.2cm寬較為適合。止伸襯布條／渡邊布帛工業（株）

## 3.口袋口・袖口・下襬拷克・摺疊縫份

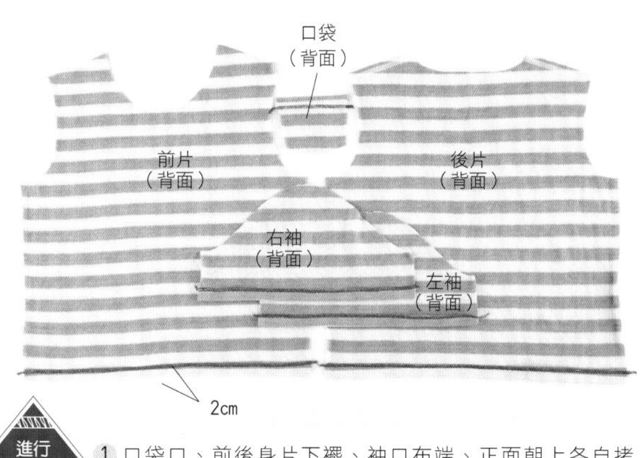


進行拷克

1 口袋口、前後身片下襬、袖口布端、正面朝上各自拷克。以熨斗熨燙摺疊縫份2cm。※P.11-9.選擇繃縫機的話，不需要拷克。

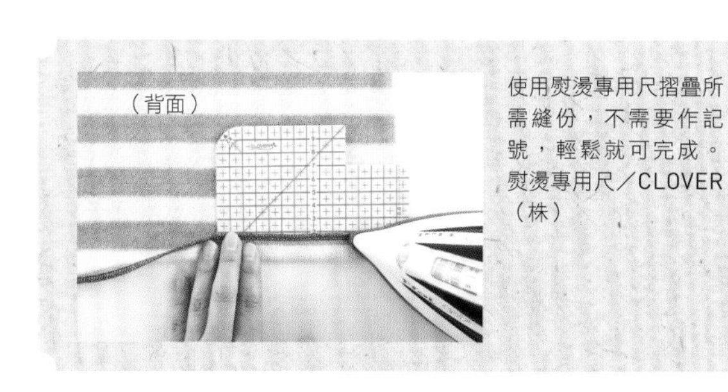


使用熨燙專用尺摺疊所需縫份，不需要作記號，輕鬆就可完成。熨燙專用尺／CLOVER（株）

### A 拷克布片一片情況

碎布縫製基本設定（P.2・3）車縫

拇指將壓布腳，包夾布端。布表面朝上車縫。

一邊縫製，縫刀一邊裁切布端，使其整齊一致。始點和止點處均預留0.2至0.3cm縫線。

太過鬆展的縫線

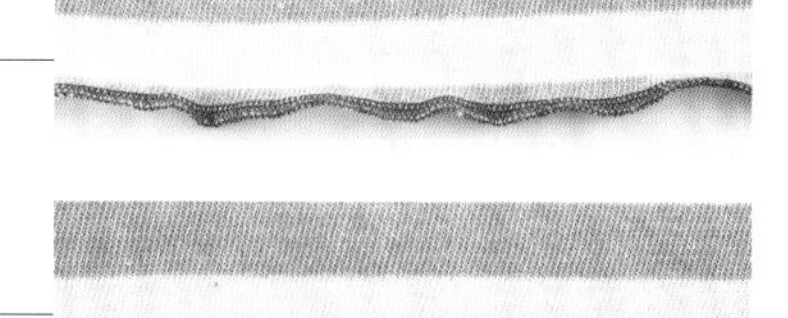

張力剛好的縫線

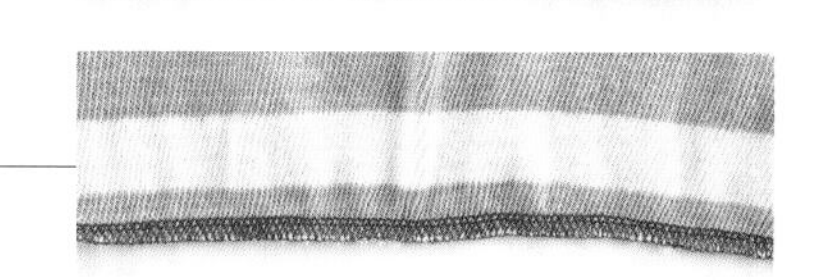

太過縮緊的縫線

布料車縫時縫線有時會太鬆或是太緊，正式車縫之前記得以碎布先試車一次，調整差動比調節鈕（P.2・3），直到縫線張力恰到好處為止。※如果車縫後布料被拉長，導致布邊呈波浪狀的話，可以熨斗蒸汽熨燙輕壓，使其稍稍恢復。

## 4. 製作口袋・車縫前片

直線車縫

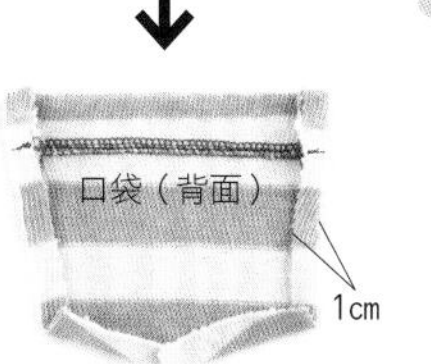


1 口袋口拷克線上直接車縫後，摺疊縫份。兩側端多餘縫線藏於縫份下側。※縫線可依據P.11 Ⅲ・Ⅳ選擇。

1 前紙型口袋縫製出開洞孔，並於口袋縫製內側處作上記號。

2 前片左邊重疊紙型，以色鉛筆從洞孔作上記號。筆尖點在布料上稍稍用力點壓，記號比較不容易消失不見。

## 5. 車縫肩線

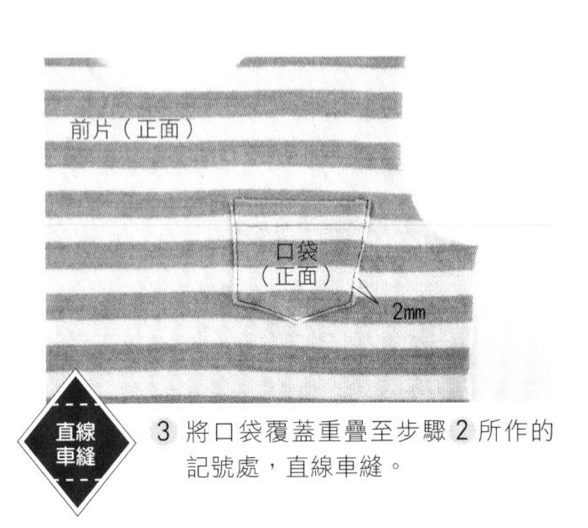


直線車縫

3 將口袋覆蓋重疊至步驟 2 所作的記號處，直線車縫。

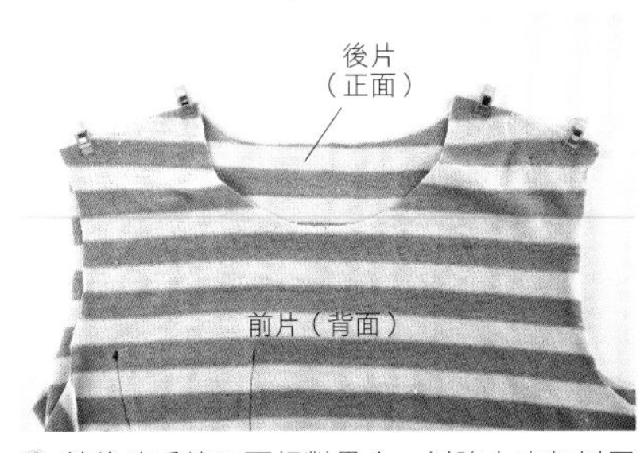


1 前後片肩線正面相對疊合，以強力夾加以固定。

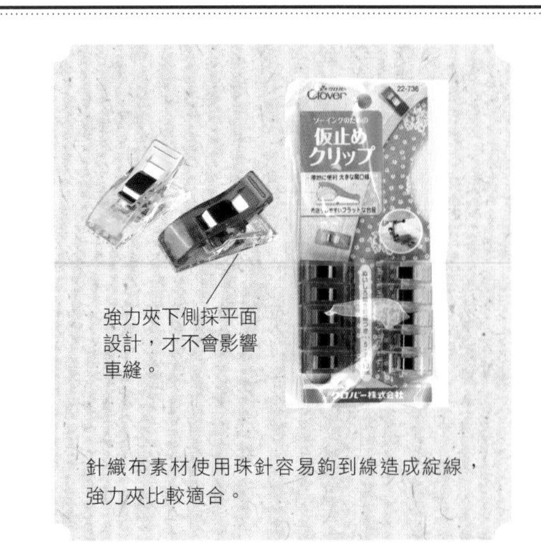


針織布素材使用珠針容易鉤到線造成綻線，強力夾比較適合。

進行拷克

2 正面朝上，肩線拷克縫合。（如右圖B）

### B 兩片布料拷克情況

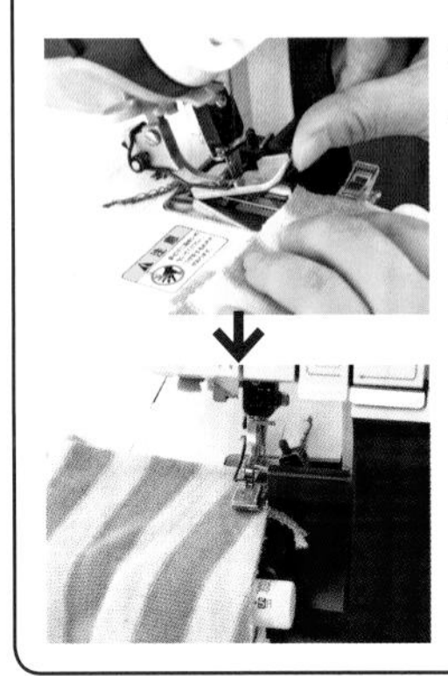

右拇指將壓布腳提起，包夾布料。

一邊車縫，一邊裁剪布端約0.3cm左右。始點和止點處均預留0.2至0.3cm縫線。

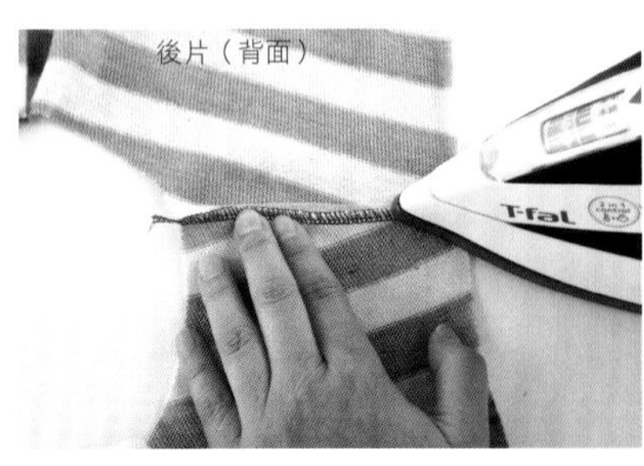


3 肩線縫份拷克後倒向後側。

## 6. 接縫袖子

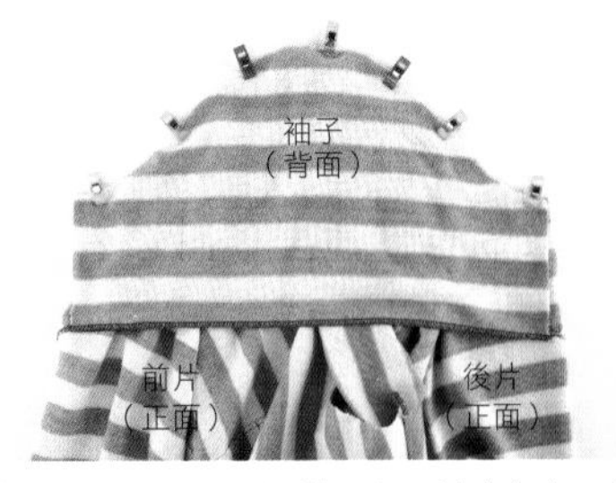


1 身片和袖子正面相對疊合，以強力夾固定袖山。

### C 拷克機縫製曲線

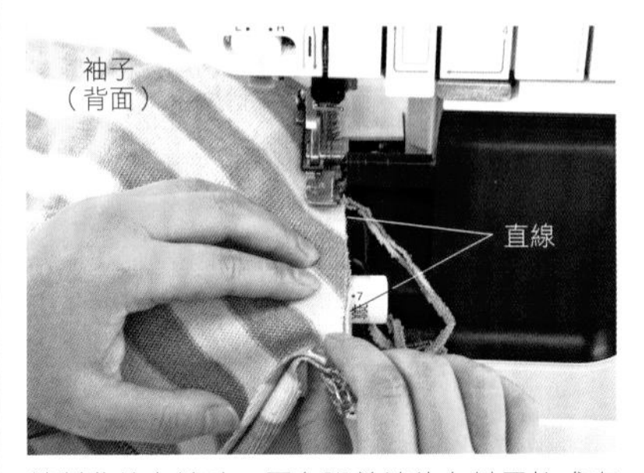


縫製曲線布端時，壓布腳前端的布料需拉成直線狀車縫。

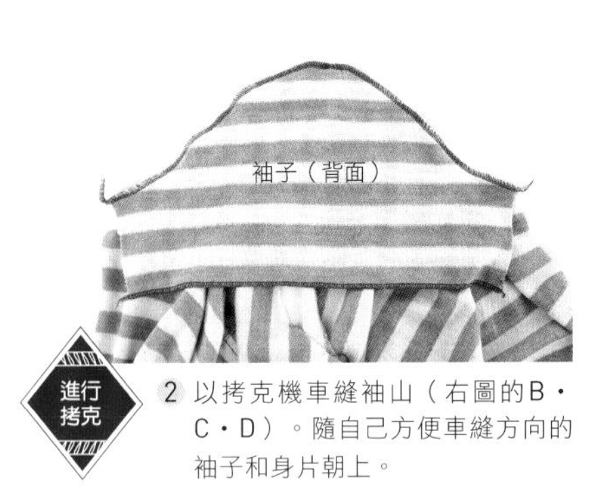


進行拷克

2 以拷克機車縫袖山（右圖的B・C・D）。隨自己方便車縫方向的袖子和身片朝上。

### D 拷克機的多餘縫線

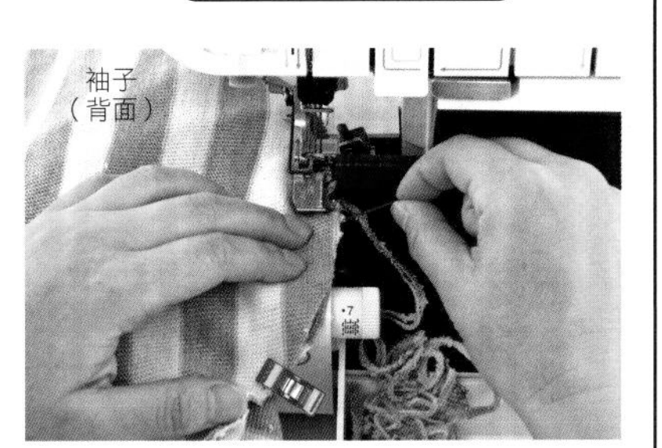


肩線縫份拷克的多縫縫線，在車縫袖山時，以縫刀一起裁切掉。

## 7.袖下・脇邊連續縫製

1 前後片正面相對疊合，布端以強力夾固定。脇邊下側縫份各自倒向另一側，車縫至袖下。

進行拷克

2 從袖口到下襬進行拷克。（參考左圖C・D）

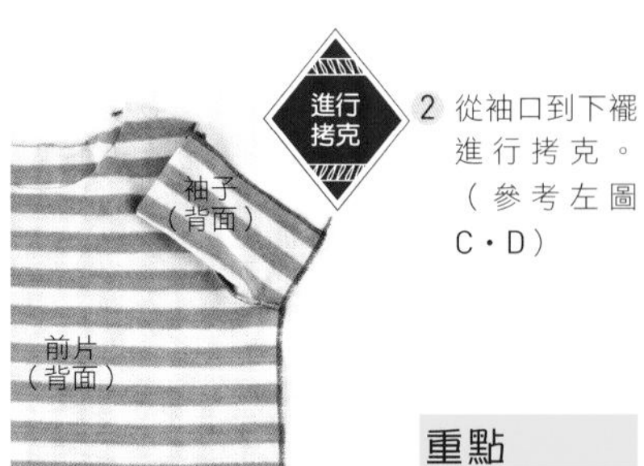


**重點**

沒有指示部分，不需燙開縫份。

## 8. 製作領子、接縫身片

直線車縫

1 領布端正面相對疊合直線車縫。

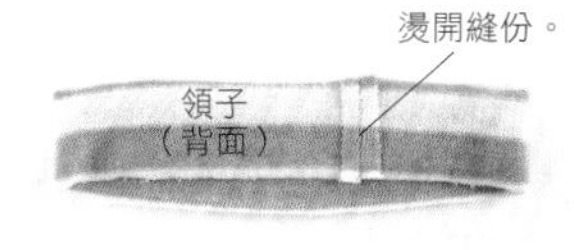


2 燙開縫份。

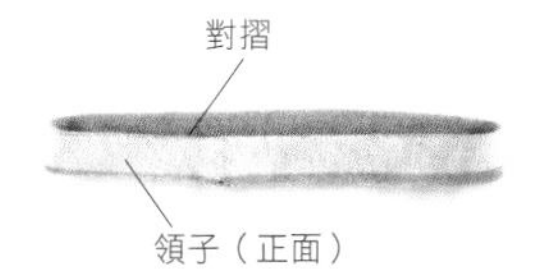


3 領子背面相對疊合對摺。

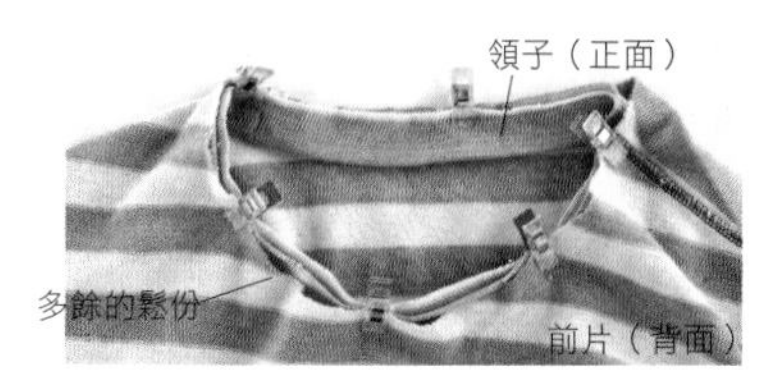


4 重疊身片和領子對齊合印記號。比起領子身片長度較長，需將鬆份平均分配加以固定。

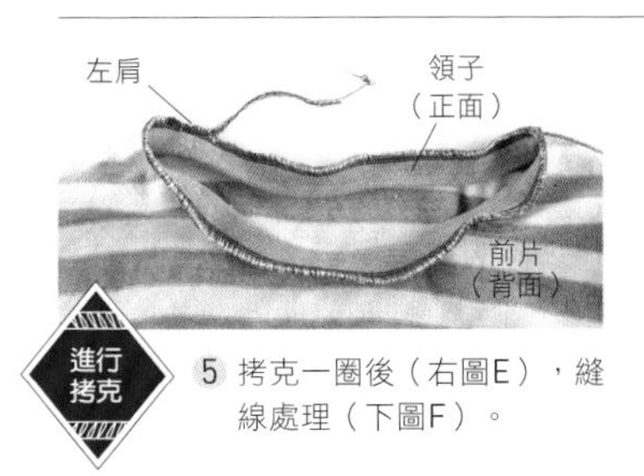


進行拷克

5 拷克一圈後（右圖E），縫線處理（下圖F）。

### E 一邊拉伸布料一邊拷克縫一圈

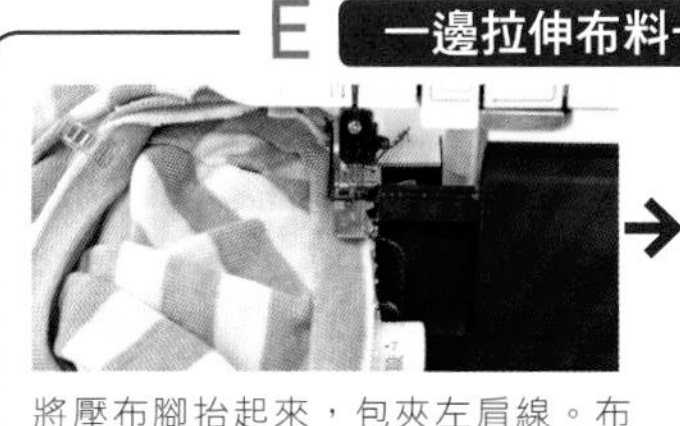

將壓布腳抬起來，包夾左肩線。布端裁剪0.3cm左右一邊車縫。

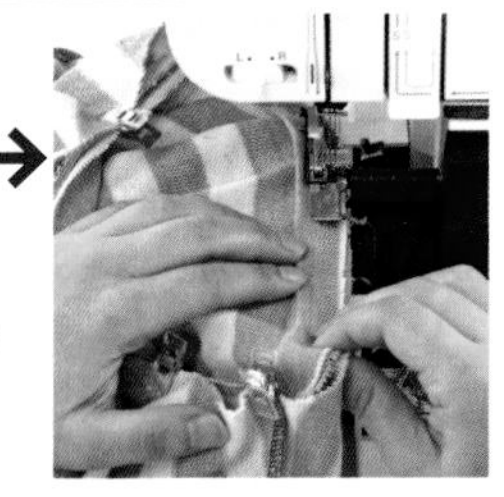

為消除鬆份輕拉布料，一邊拷克一圈，始縫和止縫點重疊2至3cm左右。

6 熨斗熨燙縫份倒向身片側。

### F 邊端拷克線的處理方法

如上圖縫針吊起縫線。

以右手壓住摺疊的縫線，拉開縫針。

從縫線處輕鬆就可穿過縫針。

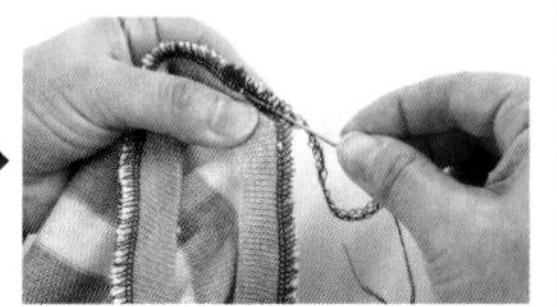

如圖片一般拉出縫線。

縫針插進拷克線內，裁剪多餘縫份。

## 9. 車縫袖口和下襬

從下記Ⅰ至Ⅲ選擇車縫方法和縫線

### 選擇Ⅰ縫製方法

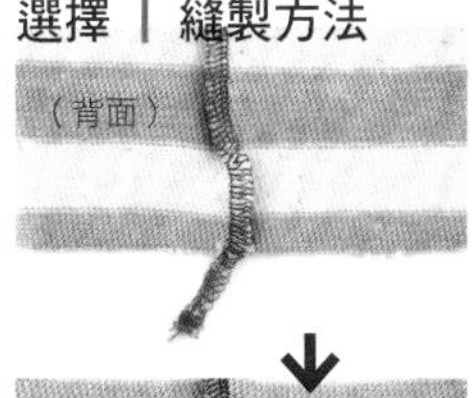


P.9-3沿縫線扭轉縫份，各自倒向另一側。

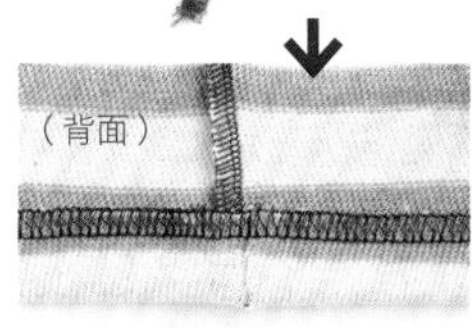


縫份沿P.9-3縫線摺疊，正面朝上，以繃縫機車縫。

### 選擇Ⅱ、Ⅲ縫製方法

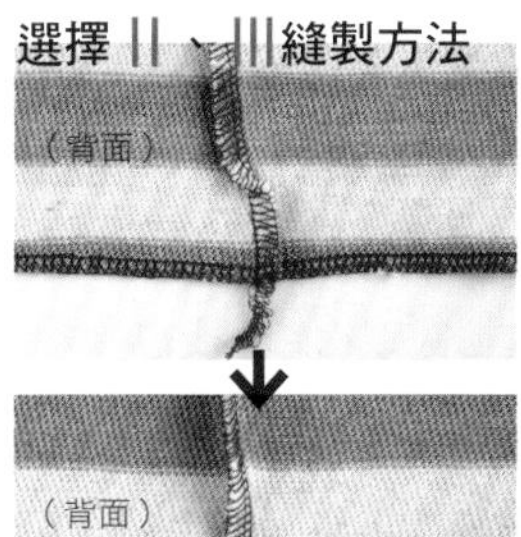


P.9-3沿縫線扭轉縫份，各自倒向另一側。

（背面）

縫份沿P.9-3縫線摺疊，背面朝上，以拷克機車縫。

止伸襯布條／止伸襯布條／渡邊布帛工業（株）

Ⅱ至Ⅳ布料太過伸長情況下，縫份可使用止伸襯布條，較易車縫。

「針織布專用縫線」不但適合於拷克機捲邊車縫，因為同一般縫線沒有彈性，也很適合一般沒有彈性布料的車縫。

### 完成

前片　後片

**縫線和縫線的選擇 Point**

針織布料若以直線車縫處理，衣服常在穿脱時，因為布的延展造成縫線斷裂。Ⅰ、Ⅱ縫線有彈性，不用擔心縫線會斷裂。Ⅲ縫線沒有彈性的直線車縫，使用具伸縮性縫線車縫，縫線比較會斷裂。請依照自己手邊的縫線選擇必要的縫線。不需伸展的口袋口、開叉下襬、寬袖口或下襬。可選擇Ⅳ沒有彈性的縫線。

#### Ⅰ 繃縫機

適合針織布的縫製機器。可以同時進行車縫和拷克一氣呵成。

使用縫線（沒有彈性的縫線）
針織布專用60號縫線或是一般縫線60號。

#### Ⅱ 3點Z字型車縫

Z字型車縫也有彈性，也適合用在針織布。

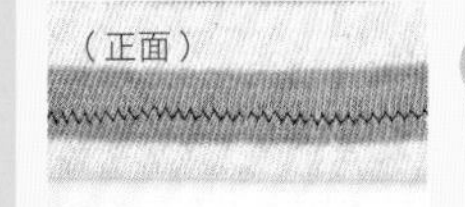


使用縫線（沒有彈性的縫線）
一般縫線60號或是針織布專用60號縫線。

#### Ⅲ 直線車縫

使用彈性縫線，即使直線車縫也可伸縮。

使用縫線（彈性縫線）
Lesilon50號

#### Ⅳ 直線車縫

不需要伸縮的部分，使用沒有彈性的縫線也可以。

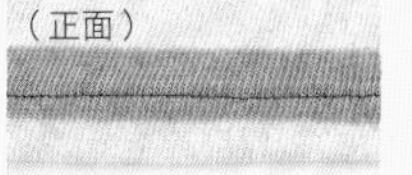

使用縫線（沒有彈性的縫線）
一般縫線60號或是針織布專用60號縫線。

# 2

| V領T恤 |

顯露性感鎖骨、給人清爽印象的V領T恤。將第一個設計，改成V領的款式。比起圓領的縫製方法，會稍微難一點。為此特別想出了比較簡單的方法，可以大膽地嘗試看喔！

尺寸 | 110～3L

製作方法 | P.16

使用布料

平紋布

／sewing supporter Rick Rack

推薦素材

同款式1，推薦使用棉或是化纖混紡的平紋布。布端不會捲曲好車縫，觸感也很舒適。但薄布料在車縫時，容易位移不好車縫，初學者請選擇中厚度布料來製作。

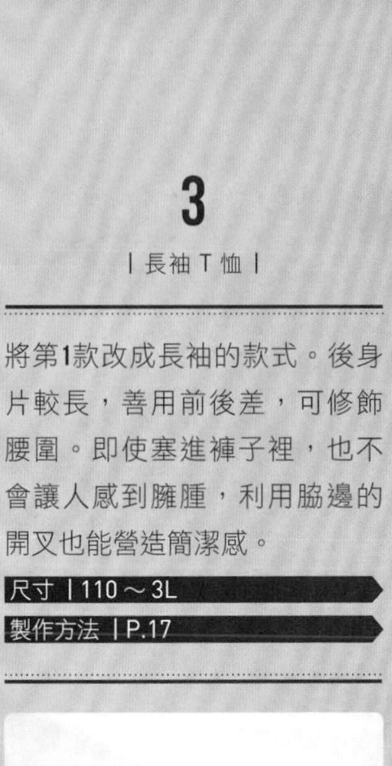

# 3

| 長袖 T 恤 |

將第1款改成長袖的款式。後身片較長，善用前後差，可修飾腰圍。即使塞進褲子裡，也不會讓人感到臃腫，利用脇邊的開叉也能營造簡潔感。

尺寸 | 110～3L

製作方法 | P.17

使用布料

棉質復古風平紋布
／池袋 Sewing Studio

推薦素材

同1和2款式，推薦使用品質優良的棉質布。中厚度的棉質布，初學者也可以輕鬆縫製出休閒風上衣。

## 4

| 連身長洋裝 |

將圓領衫改成膝下長度的連身裙款式，充滿了休閒風。也可以改成至腳踝的長度，隨自己的喜好去變換造型。不論搭配褲子還是內搭褲都OK，另外搭配上腰帶又是另一種不同的風格。

尺寸 | 110～3L

製作方法 | P.15

使用布料

棉質復古風平紋布

／池袋 Sewing Studio

推薦素材

想要單穿，不會透光的平紋布是很棒的選擇。因為長度變長，容易造成斜布紋而導致輪廓的崩壞，請選擇不易伸縮的布料。

P.14 | 4 | 連身長洋裝製作方法

原寸紙型 A 面

| 尺寸 | 完成尺寸（cm） | | | | 布料用量 | 尺寸變更 | |
|---|---|---|---|---|---|---|---|
| | 身長 | 胸圍 | 肩寬 | 袖長 | 寬155cm | ◆ | ◇ |
| 110 | 69 | 69 | 28 | 13 | 90cm | 30 | 6 |
| 120 | 76.5 | 74 | 30 | 14 | 1m | 33.5 | 7 |
| 130 | 83.5 | 78.5 | 32 | 15.5 | 1m10cm | 37 | 8 |
| 140 | 91.5 | 83 | 34 | 16.5 | 1m10cm | 41.5 | 11 |
| 150 | 99 | 88 | 36 | 18 | 1m20cm | 45.5 | 12.5 |
| S | 103.5 | 93 | 38 | 18.5 | 1m20cm | 48.5 | 14.5 |
| M | 107 | 100 | 41 | 19 | 1m50cm | 50 | 15 |
| L | 110.5 | 107 | 43.5 | 19.5 | 1m50cm | 51.5 | 15.5 |
| 2L | 113.5 | 114 | 47 | 20 | 1m50cm | 53 | 16 |
| 3L | 117 | 121.5 | 49.5 | 20.5 | 1m60cm | 54.5 | 16.5 |

各尺寸共用材料
・止伸襯布條0.9cm 寬40cm

重點
・前身片紙型改為 V 領圍線
・只有左脇邊開叉

＊原寸紙型無需另加縫份
❷記號中的數字代表紙型所包含的縫份，沒有指示處則為包含1cm縫份。
一 代表合印記號，剪入0.3cm牙口作記號。

布料裁剪方法
（M尺寸）

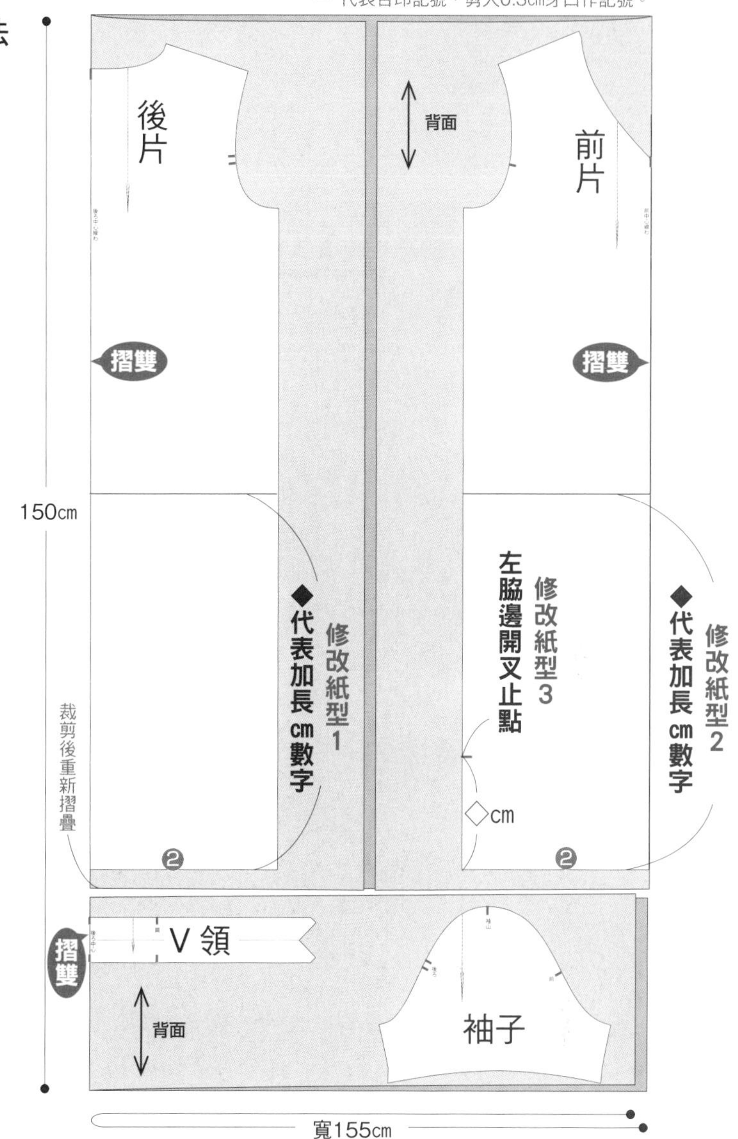


## 製作順序

1. 重新繪製紙型・裁剪布料（布料裁剪方法）。
2. 貼上止伸襯布條（P.9-2）。
3. 袖口・下襬拷克後摺疊縫份。
4. 車縫肩線。
5. 接縫袖子。
6. 右袖下・右脇線連續車縫。
7. 車縫下襬（P.11-9）。
8. 車縫左下襬開叉・左袖下・左脇線（P.17-7）。
9. 製作領子、接縫身片（P.16-7）。
10. 車縫袖口（P.11-9）。

P.55 | 包袖 T 恤製作方法

原寸紙型 A 面

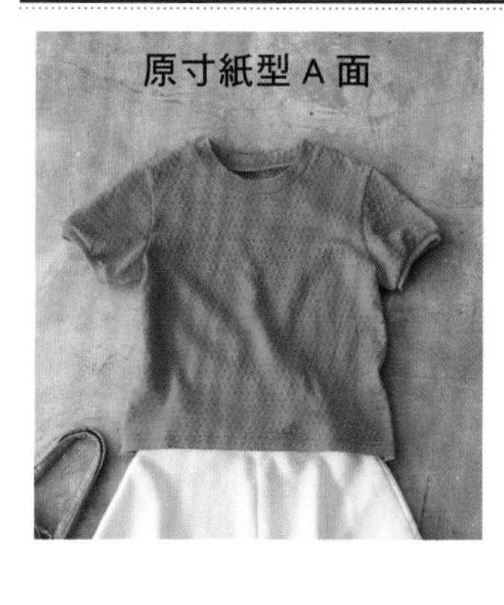

重點
・使用包袖和包袖袖口紙型製作。
・完成尺寸和布用量同 P8-1。

## 製作順序

1. 裁剪布料（布料裁剪方法參考P.8、取消口袋、袖口布裁剪2片）。
2. 貼上止伸襯布條（P.9-2）。
3. 下襬拷克後摺疊縫份。
4. 車縫肩線。
5. 接縫袖子（P.10-6）。
6. 右袖下・右脇線連續車縫（P.10-7）。
7. 製作領子、接縫身片（P.11-8）。
8. 袖口接縫袖口布（P.28-6）。
9. 車縫下襬（P.11-9）。

# 2 V領T恤製作方法

原寸紙型A面

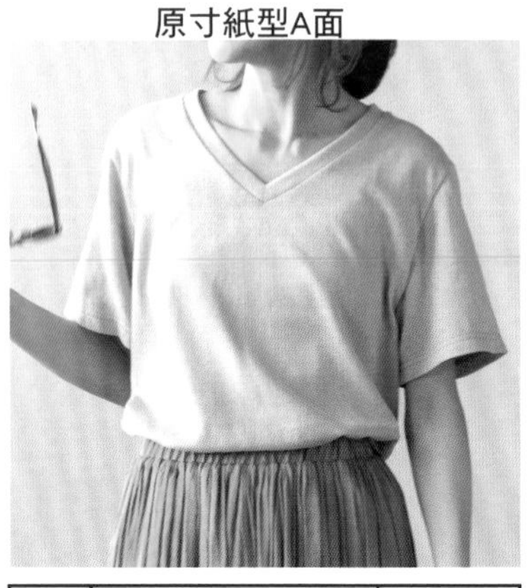

| 尺寸 | 完成尺寸（cm） | | | | 布料用量 |
|---|---|---|---|---|---|
| | 身長 | 胸圍 | 肩寬 | 袖長 | 寬135cm |
| 110 | 39 | 69 | 28 | 14.5 | 70cm |
| 120 | 43 | 74 | 30 | 15.5 | 80cm |
| 130 | 46.5 | 78.5 | 32 | 17 | 90cm |
| 140 | 50 | 83 | 34 | 18.5 | 90cm |
| 150 | 53.5 | 88 | 36 | 19.5 | 90cm |
| S | 55 | 93 | 38 | 20.5 | 1m |
| M | 57 | 100 | 41 | 21 | 1m |
| L | 59 | 107 | 43.5 | 21.5 | 1m10cm |
| 2L | 60.5 | 114 | 47 | 22.5 | 1m10cm |
| 3L | 62.5 | 121.5 | 49.5 | 23 | 1m10cm |
| 各尺寸共用材料<br>・止伸襯布條0.9cm 寬40cm | | | | | |

**重點**

・前身片紙型改為V領圍線

＊原寸紙型無需另加縫份

● 記號中的數字代表紙型所包含的縫份，沒有指示處則為包含1cm縫份。

— 代表合印記號，剪入0.3cm牙口作記號。

## 布料裁剪方法
（M尺寸）

前片 摺雙 ❷ 背面 袖子 ❷ 寬135cm 後片 ❷ 摺雙 V領 背面 摺雙 裁剪後重新摺疊 1m

## 製作順序

1. 裁剪布料（布料裁剪方法）
2. 貼上止伸襯布條（P.9-2）
3. 袖口・下襬拷克後摺疊縫份（P.9-3）。
4. 車縫肩線（P.10-5）。
5. 接縫袖子（P.10-6）。
6. 袖下・脇線連續車縫（P.10-7）。
7. 製作領子、接縫身片（如下圖）
8. 車縫袖口和下襬（P.11-9）

## 7. 製作領子、接縫身片

直線車縫

1 領布端正面相對疊合直線車縫。※縫線請選擇P.11-9.Ⅲ和Ⅳ（以下同）

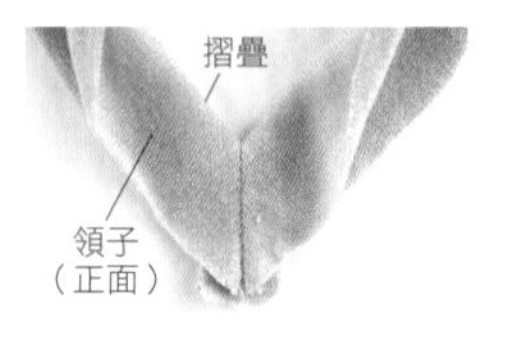


2 燙開縫份領子對摺，熨燙整理V領。

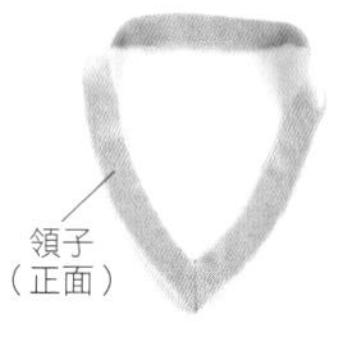


3 領子對摺，熨燙整理。

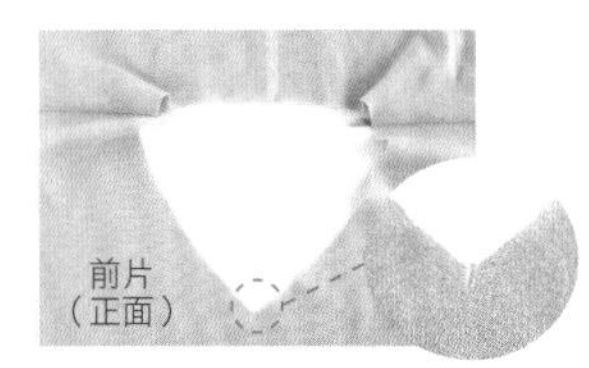


4 前領V領縫份處剪0.8cm牙口。

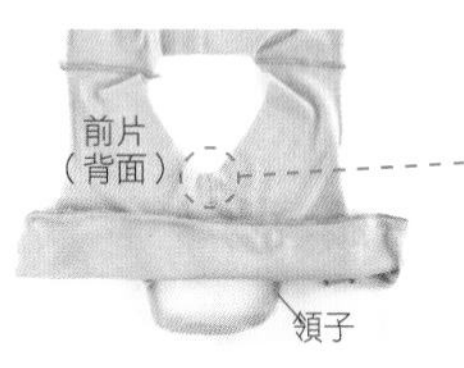


5 前領V部分如圖片般重疊。

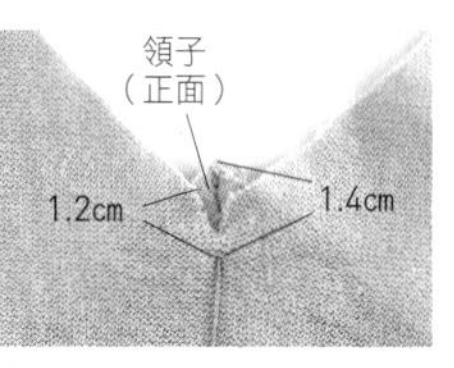


6 如圖片般重疊以珠針固定。

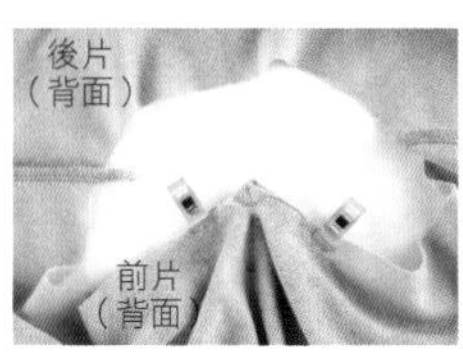


7 前領圍對齊領布端以強力夾固定。

直線車縫

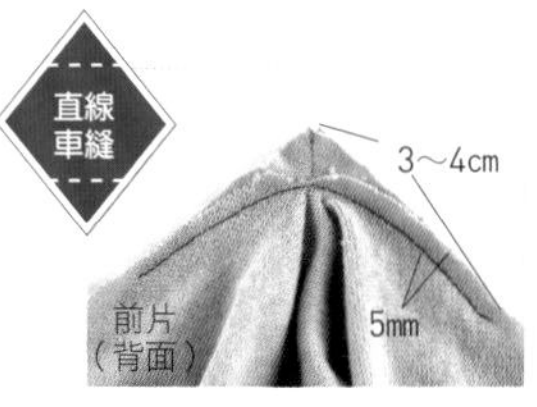


8 直線車縫。

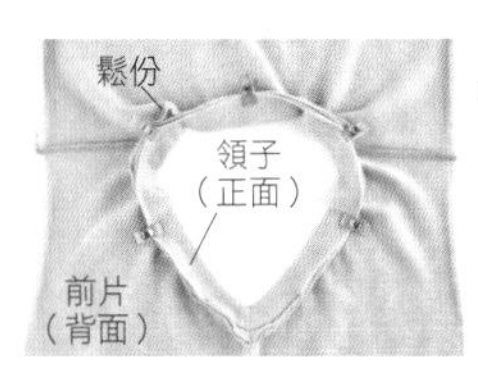


9 對齊領子和身片合印記號以強力夾固定。領子比身片領圍短，請均勻分配鬆份後固定。

拷克機

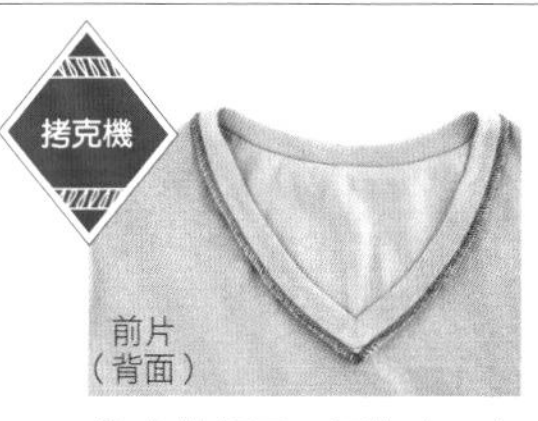


10 車縫領圍一圈拷克。交錯步驟 8 的縫線和拷克處車縫（右圖G）。

### G 以拷克機車縫V領

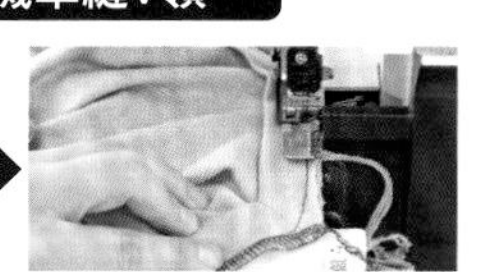

領子朝上從V領角開始車縫。一邊裁剪布端0.3cm一邊縫製。

車縫至邊角後，留下約10cm縫線後，再處理縫線即可。（P.11-F）

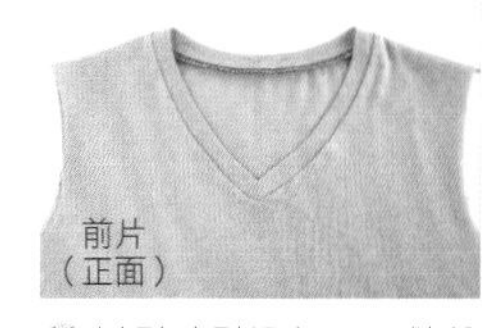


11 以熨斗熨燙領圍，縫份倒向身片側。

# 3 長袖T恤製作方法

原寸紙型A面

| 尺寸 | 完成尺寸（cm） | | | | 布料用量 |
|---|---|---|---|---|---|
| | 身長 | 胸圍 | 肩寬 | 袖長 | 寬150cm |
| 110 | 45 | 69 | 28 | 38.5 | 60cm |
| 120 | 49 | 74 | 30 | 42 | 60cm |
| 130 | 52.5 | 78.5 | 32 | 45.5 | 70cm |
| 140 | 56 | 83 | 34 | 49 | 70cm |
| 150 | 59.5 | 88 | 36 | 52.5 | 1m20cm |
| S | 61 | 93 | 38 | 54 | 1m30cm |
| M | 63 | 100 | 41 | 56 | 1m30cm |
| L | 65 | 107 | 43.5 | 57.5 | 1m40cm |
| 2L | 66.5 | 114 | 47 | 59.5 | 1m40cm |
| 3L | 68.5 | 121.5 | 49.5 | 61.5 | 1m40cm |

各尺寸共用材料
・止伸襯布條0.9cm 寬40cm

## 布料裁剪方法
（M尺寸）

＊原寸紙型無需另加縫份
● 記號中的數字代表紙型所包含的縫份，沒有指示處則為包含1cm縫份。
— 代表合印記號，剪入0.3cm牙口作記號。

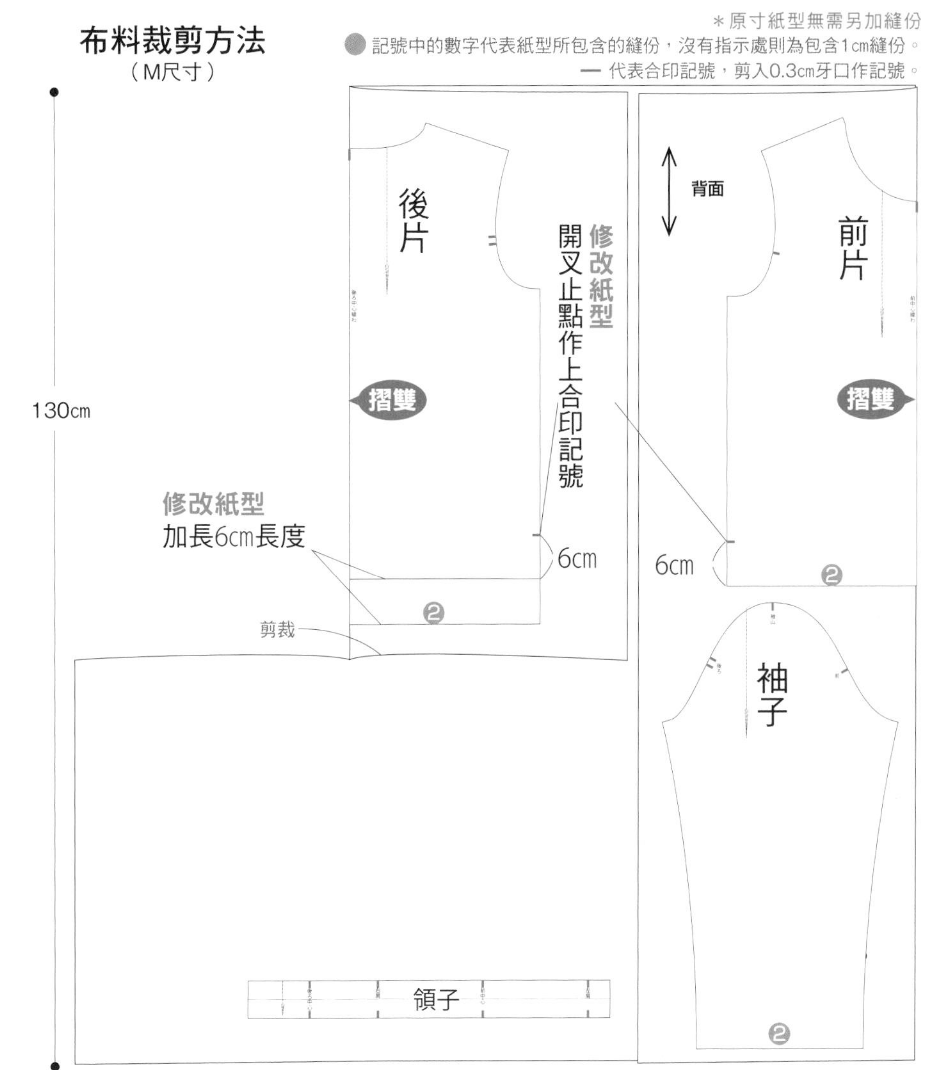


## 製作順序

1. 重新繪製紙型・裁剪布料（布料裁剪方法）。
2. 貼上止伸襯布條（P.9-2）
3. 袖口・下襬拷克後摺疊縫份（P.9-3）。
4. 車縫肩線（P.10-5）。
5. 接縫袖子（P.10-6）。
6. 車縫下襬（P.11-9）。
7. 車縫開叉・袖下・脇線（如右圖）。
8. 製作領子、接縫身片（P.11-8）。
9. 車縫袖口（P.11-9）。

## 7. 車縫開叉・袖下・脇線

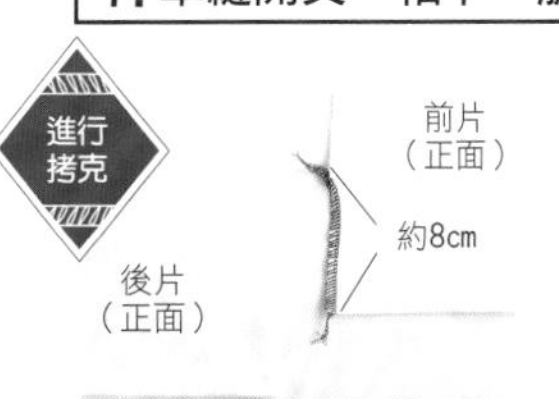


4 前開叉止點2cm上側到下襬拷克（P.9-A）

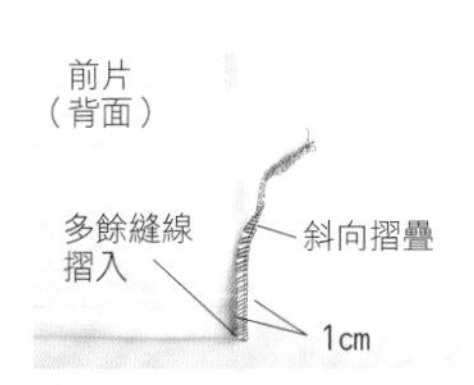


5 燙開開叉縫份摺疊。開叉止點上側斜向摺疊。

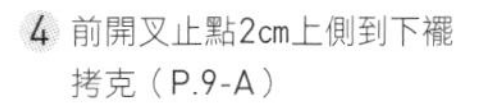

### 重點

・因為兩脇有開叉，所以車縫脇線前先車縫下襬。有開叉就不用擔心穿著時，下襬縫線容易斷裂，可以使用一般沒有彈性的縫線車縫。

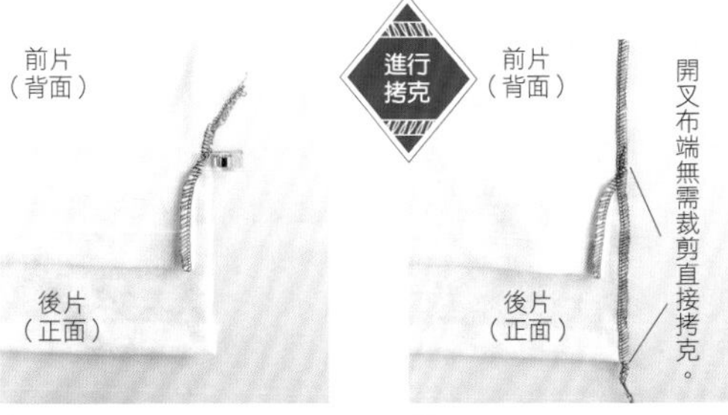


2 前後片正面相對疊合。

3 沿袖下線、脇邊線、下襬線拷克車縫。

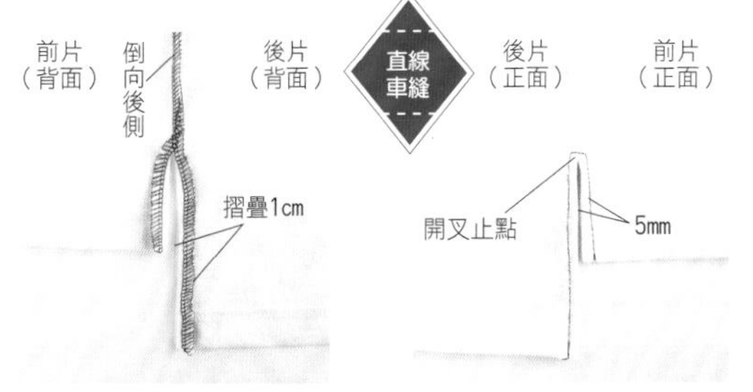


4 脇邊縫份倒向後側，後開叉縫份摺疊1cm。

5 直線車縫※縫線P.11-9.請選擇III和IV。

下半身的款式，尤其是褲子，

最重要的就是布料的選擇。

不會透光、不容易產生皺褶，

其中又以可以修飾雙腿輪廓最為首要。

穿起來舒適、看起來高雅，

採用針織布料，

即可打造出完美褲管。

**5**

| 直筒寬褲 |

穿脫方便的鬆緊帶設計，可搭出高雅風格的寬褲。選擇有張力的double knit，更突顯正式感。附口袋設計，是非常便利的款式。

尺寸 | 110～3L

製作方法 | P.23

使用布料

rayon mix針織布（kn-1000 芥末黃）／APU HOUSE

推薦素材

選擇適度張力的布料，像是ponte fabric、sweat伸縮布料、double knit等。太輕薄的素材，會顯露內衣輪廓，因此請選擇中厚度的布料。

# 6

| 五分褲 |

將第五款改成膝上的款式。比起一般短褲，露出的肌膚不多，穿起來很安心。若將綁帶放置在外側，可展現休閒風；放置於內側，則可突顯正式感，可依自己喜愛搭配。

尺寸 | 110～3L

製作方法 | P.21

使用布料

棉質布（深藍色）

推薦素材

就算是sweat這種伸縮布料，只要選擇具光澤表面的，就可以減少休閒感。若是製作給兒童穿著，可以選擇可愛提花圖案的布料。

# 6 五分褲

原寸紙型B面

## 布料裁剪方法
（M尺寸）

＊原寸紙型無需另加縫份
● 記號中的數字代表紙型所包含的縫份，沒有指示處則為包含1cm縫份。

薄棉布

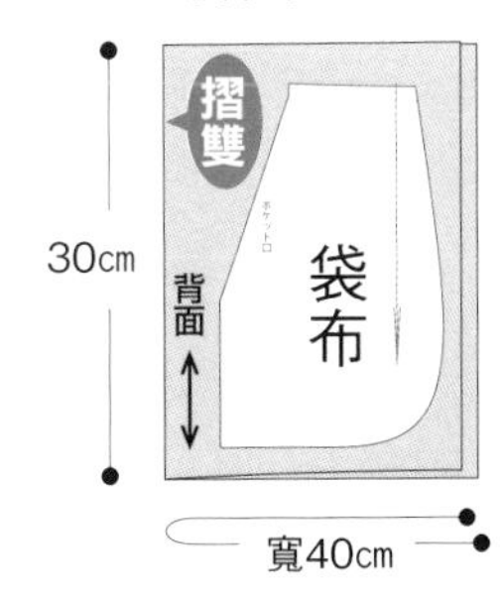


摺雙
⑤ 前片
③ 口袋
⑤ 脇布
④
⑤ 後片
④
背面
130cm
寬110cm

| 尺寸 | 完成尺寸（cm） | | 布料用量 | 鬆緊帶 | 綁繩 |
|---|---|---|---|---|---|
| | 股下長 | 腰圍 | 寬110cm | 寬3cm | 寬8mm |
| 110 | 15 | 71.5 | 80cm | 52cm | 1m38cm |
| 120 | 16.5 | 77 | 90cm | 54cm | 1m46cm |
| 130 | 18.5 | 82 | 90cm | 56cm | 1m57cm |
| 140 | 20.5 | 87 | 1m10cm | 58cm | 1m66cm |
| 150 | 23 | 91.5 | 1m30cm | 60cm | 1m76cm |
| S | 24 | 97 | 1m30cm | 61cm | 1m85cm |
| M | 24.5 | 104.5 | 1m30cm | 66cm | 2m |
| L | 25.5 | 111.5 | 1m40cm | 70cm | 2m14cm |
| 2L | 26.5 | 119 | 1m40cm | 75cm | 2m28cm |
| 3L | 27.5 | 126 | 1m50cm | 79cm | 2m42cm |

各尺寸共用材料
・止伸襯布條0.9cm 寬40cm
・黏著襯3×4cm 2片・薄棉布寬40cm×30cm

※鬆緊袋長度可依照自己喜好作調節。

### 重點
・前後片紙型搭配五分褲下襬線。
・布料較薄時，袋布可使用身片布料。

## 1. 製作前口袋

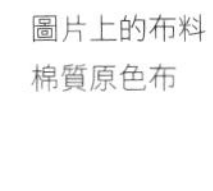
圖片上的布料
棉質原色布

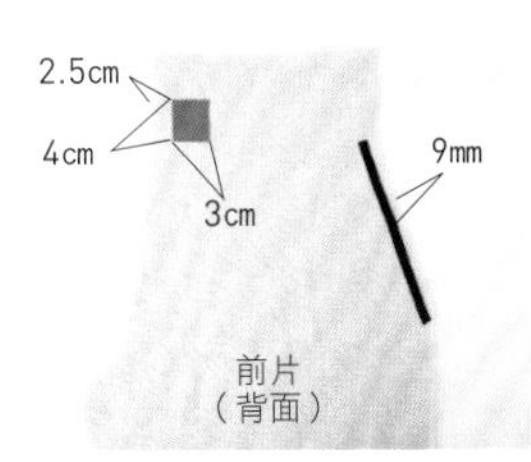


1 口袋口貼上止伸襯布條，綁繩通過的位置也要貼上黏著襯。

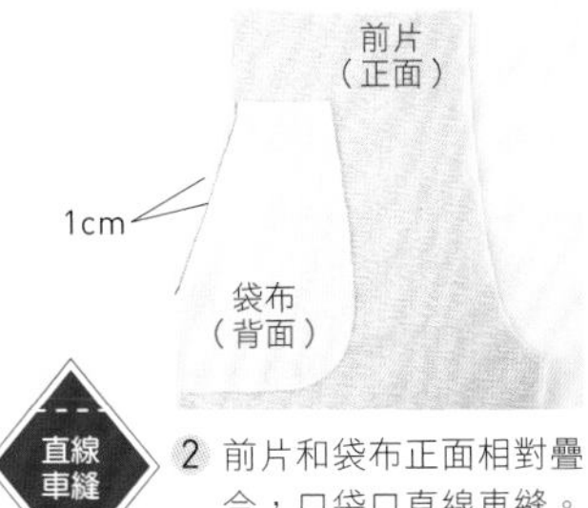


2 前片和袋布正面相對疊合，口袋口直線車縫。
※縫線請選擇P.11-9.Ⅲ和Ⅳ（以下同）

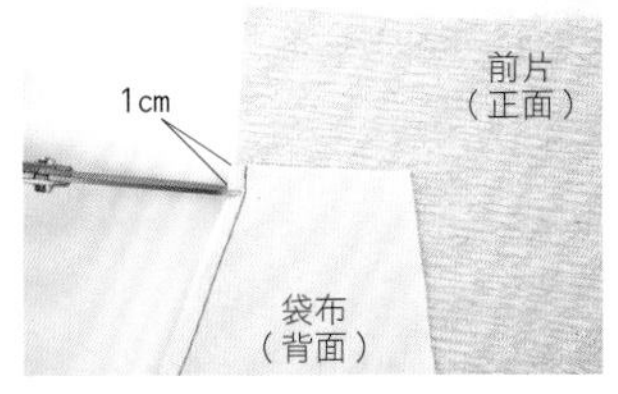


3 邊角剪牙口，縫線前0.1cm處為止剪牙口。

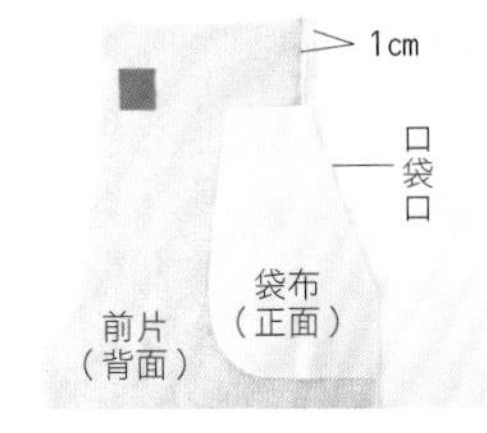


4 袋布翻至背面。從口袋口至上端摺疊縫份，熨燙整理。

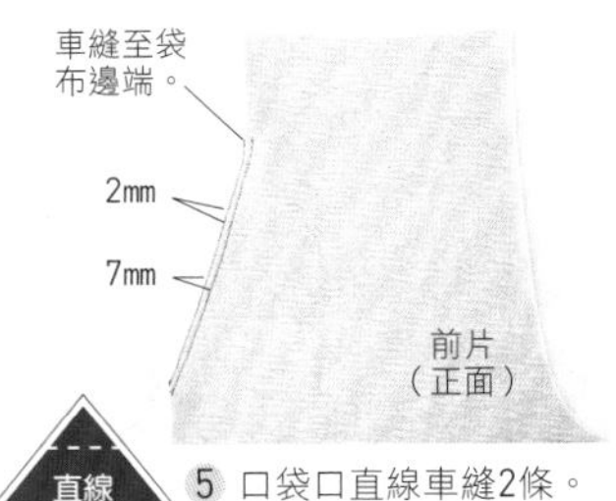


5 口袋口直線車縫2條。

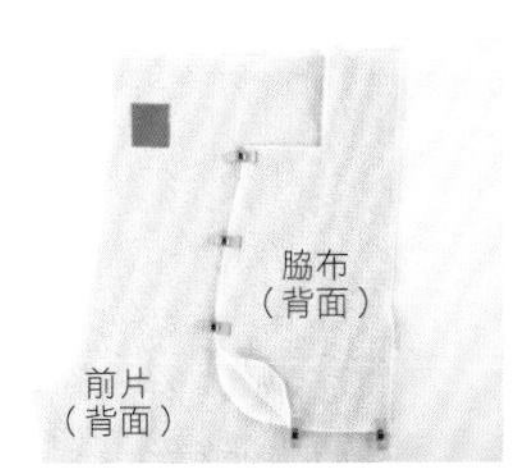


6 袋布和脇布正面相對疊合拷克。

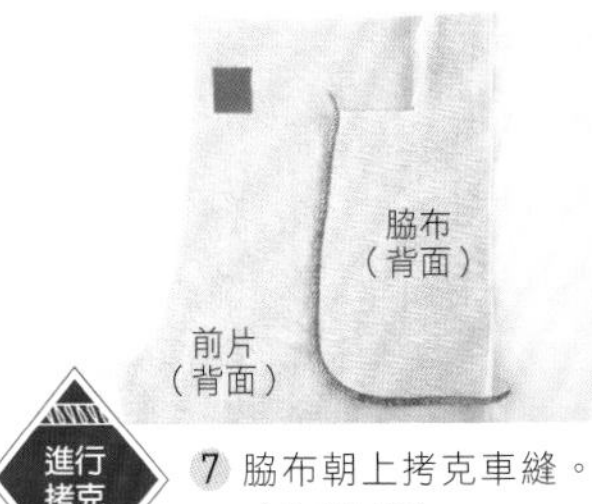


7 脇布朝上拷克車縫。（P.10-B）

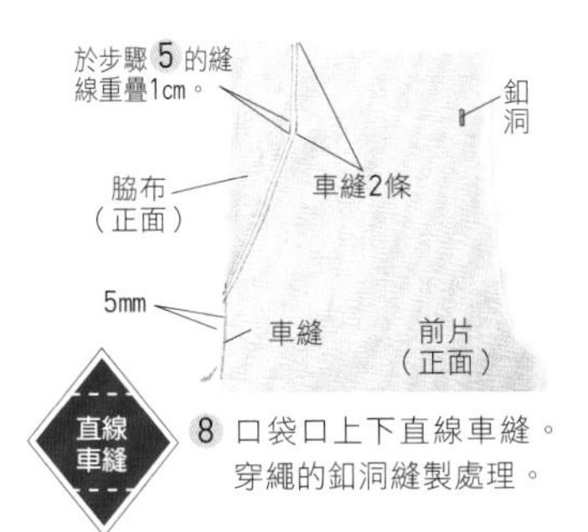


8 口袋口上下直線車縫。穿繩的釦洞縫製處理。

## 2. 製作後口袋，接縫

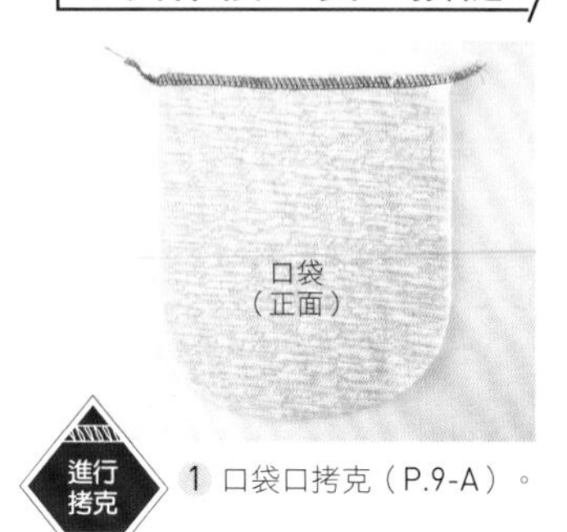


進行拷克

1 口袋口拷克（P.9-A）。

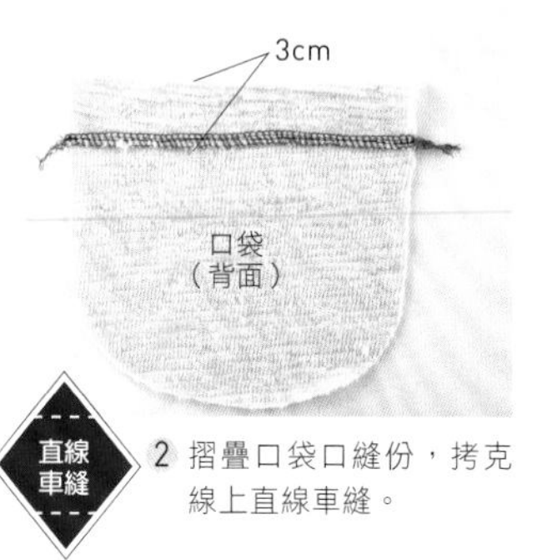


直線車縫

2 摺疊口袋口縫份，拷克線上直線車縫。

口袋（背面）
厚紙
1cm

3 摺疊縫份1cm。使用厚紙製作紙型，方便裁剪熨燙。

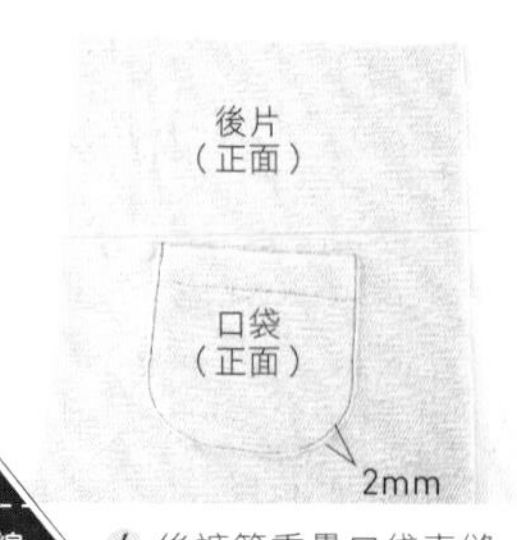


直線車縫

4 後褲管重疊口袋車縫。※合印記號作法參考P.9-4

## 3. 摺疊腰圍和下襬縫份

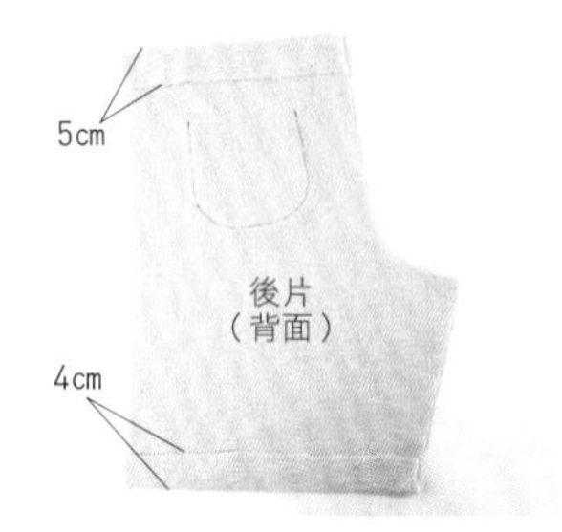


後腰線5cm、下襬4cm熨燙摺疊，前片也依相同方法處理。

## 4. 車縫脇線和股下線

進行拷克

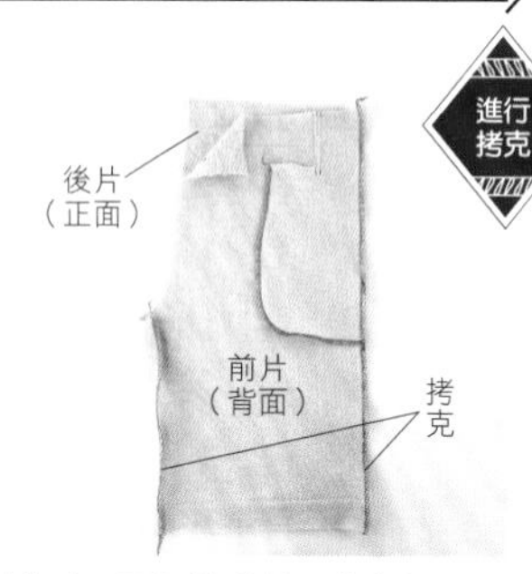


前後片正面相對重疊，脇線和股下線拷克縫合（P.10-B）。左褲管也依相同方法處理。

## 5. 車縫股圍

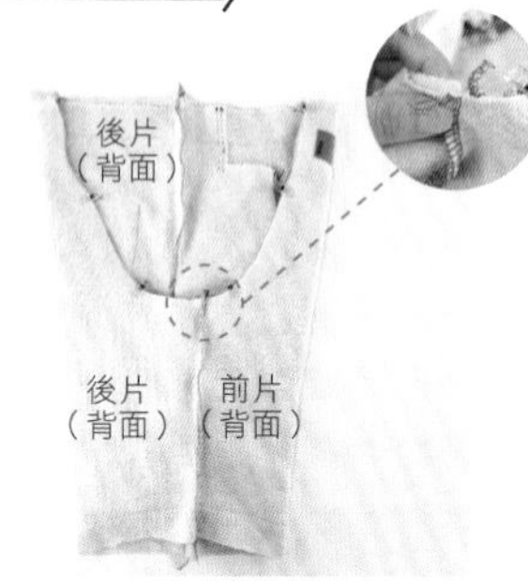


1 單褲管翻至正面，左右褲管正面相對重疊以強力夾固定。股圍縫份各自倒向另一側。

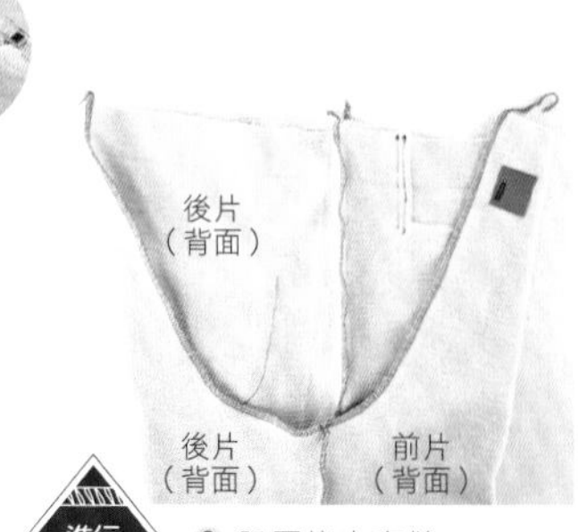


進行拷克

2 股圍拷克車縫。（P.10B、D・P.43-1）

## 6. 處理腰圍和下襬布邊

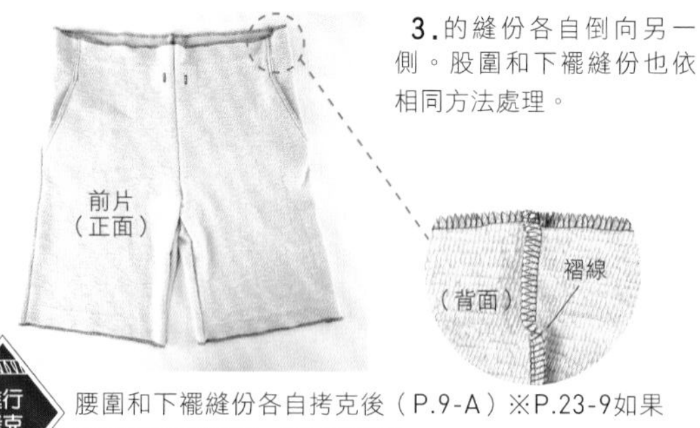


3.的縫份各自倒向另一側。股圍和下襬縫份也依相同方法處理。

進行拷克

腰圍和下襬縫份各自拷克後（P.9-A）※P.23-9如果選擇綳縫機製作，則無需拷克。

## 7. 腰圍車縫鬆緊帶

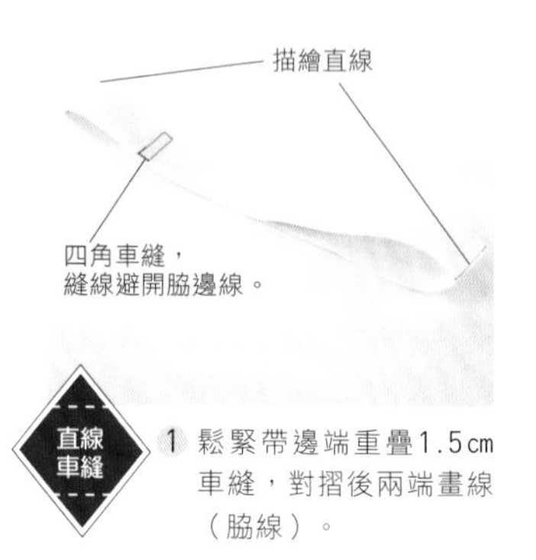


直線車縫

1 鬆緊帶邊端重疊1.5cm車縫，對摺後兩端畫線（脇線）。

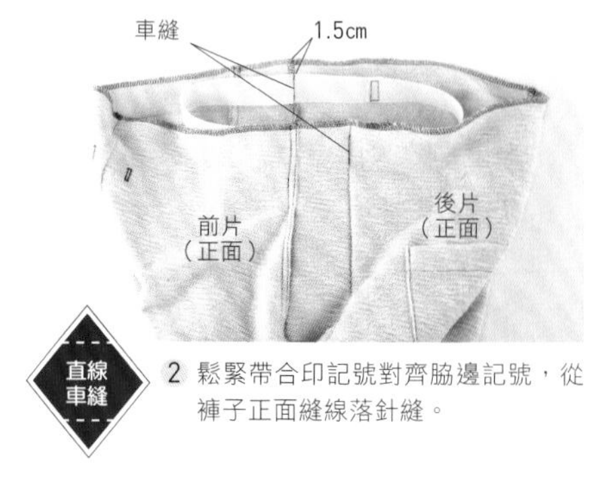


直線車縫

2 鬆緊帶合印記號對齊脇邊記號，從褲子正面縫線落針縫。

## 8. 車縫腰線

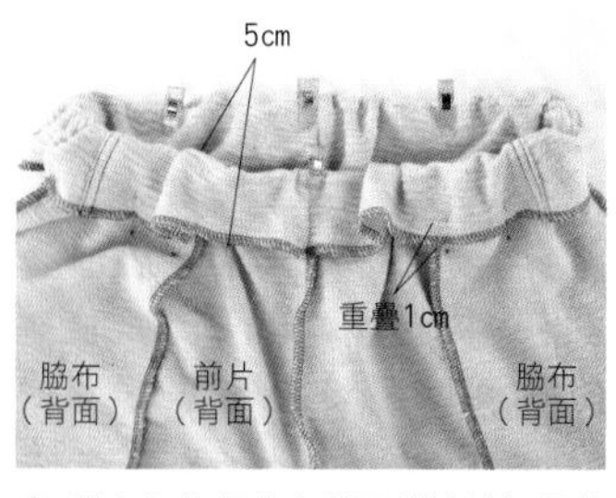


1 對齊3.的褶線和鬆緊帶邊端摺疊縫份，以強力夾固定。脇布縫份重疊1cm以珠針固定。

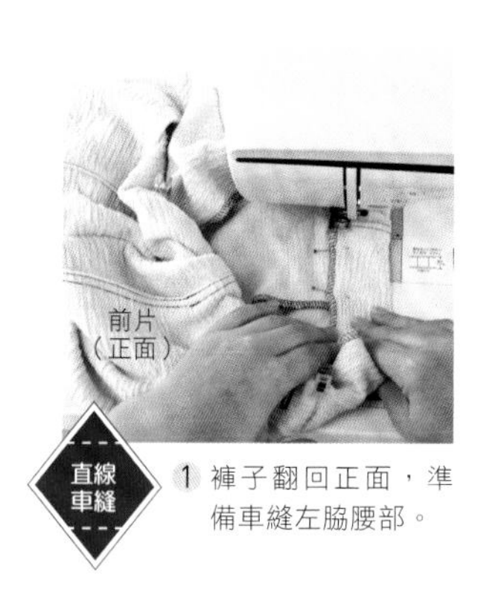


直線車縫

1 褲子翻回正面，準備車縫左脇腰部。

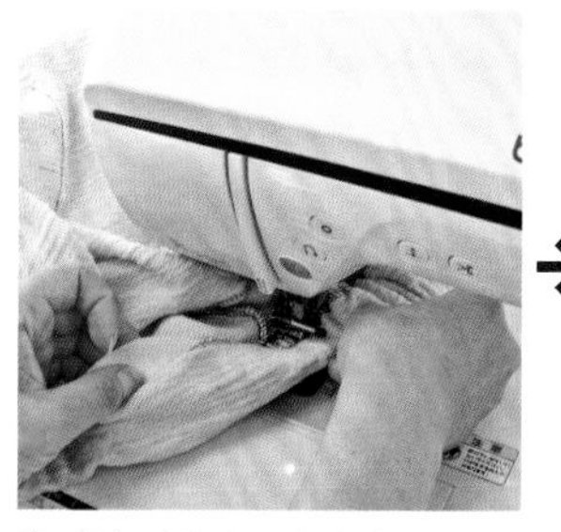

2 從左脇拷克線上車縫。鬆緊帶長度比褲腰圍短，將布集中至不車縫部分，作出約15cm平整處後，開始車縫。拉出一部分鬆緊帶後，再製作15cm平整處車縫，直到拉出所有鬆緊帶，車縫一圈。

## 9. 車縫下襬

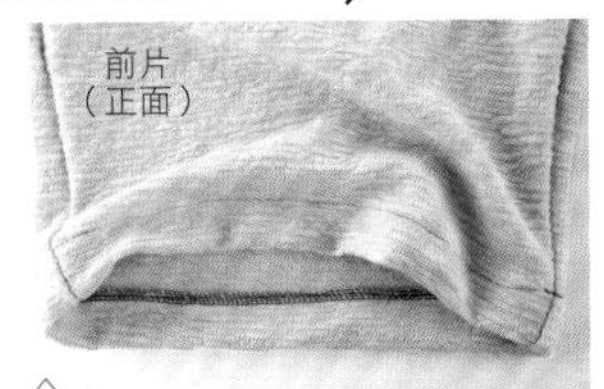

從股下線拷克線上直接車縫，或以綳縫機直接車縫。

## 10. 穿過腰繩

從入口穿出腰繩打結。

完成

前片

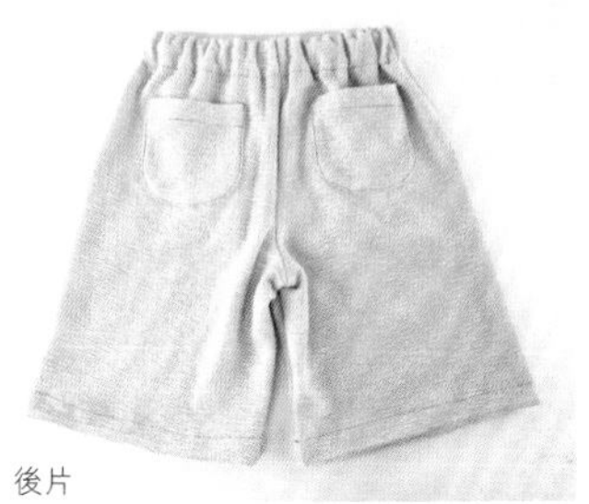
後片

P.19

# 5 直筒寬褲製作方法

原寸紙型B面

| 尺寸 | 完成尺寸（cm） | | 布料用量 | 鬆緊帶 |
|---|---|---|---|---|
| | 股下長 | 腰圍 | 寬140cm | 寬3cm |
| 110 | 44 | 71.5 | 90cm | 52cm |
| 120 | 49 | 77 | 1m | 54cm |
| 130 | 54 | 82 | 1m | 56cm |
| 140 | 60 | 87 | 1m20cm | 58cm |
| 150 | 65 | 91.5 | 1m30cm | 60cm |
| S | 68 | 97 | 1m40cm | 61cm |
| M | 70 | 104.5 | 1m50cm | 66cm |
| L | 72.5 | 111.5 | 2m10cm | 70cm |
| 2L | 74.5 | 119 | 2m30cm | 75cm |
| 3L | 77 | 126 | 2m40cm | 79cm |

各尺寸共用材料
・止伸襯布條0.9cm 寬40cm

※鬆緊袋長度可依照自己喜好作調節。

### 重點

・前後紙型依照長褲下襬線描繪。
・少了腰繩綁帶款式看起來更加正式，可依照喜好變更。
・如果布料太厚，袋布請選擇薄的棉布。

布料裁剪方法
（M尺寸）

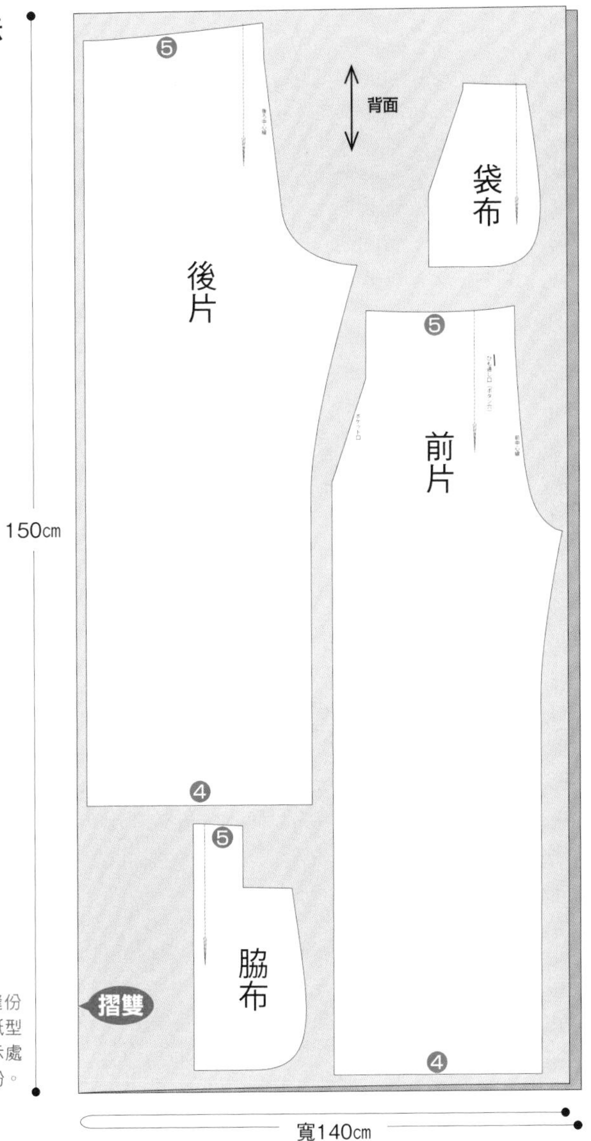


＊原寸紙型無需另加縫份
● 記號中的數字代表紙型所包含的縫份，沒有指示處則為包含1cm縫份。

### 製作順序

1. 裁剪布料（布的裁剪方法）
2. 製作前口袋（P.21-1）
3. 摺疊腰線和下襬縫份（P.22-3）
4. 車縫脇線和下襬線（P.22-4）
5. 車縫股圍（P.22-5）
6. 處理腰圍線和下襬布邊
7. 腰圍穿鬆緊帶
8. 車縫腰圍
9. 車縫下襬（P.23-9）

「這衣服真的是你自己作的？」

讓大家驚豔不已的帽T，

組合了帽子、口袋、羅紋布、拉格蘭袖等細節。

比起T恤，休閒帽T需要縫製的部分更多，

但是製作方法意外的簡單。

縫合時縫份比較厚，請仔細的縫製，

這樣才能作出令人耳目一新的款式。

# 7

| 帽T |

稍長版的帽T單穿也很有型，有著可輕鬆縫製的拉格蘭袖。穿著時，動作上也很自由不受限。寬鬆的尺寸線條，也能展現女人味。

尺寸 | 110～3L

製作方法 | P.26

使用布料

表布＝棉質起毛加工布（NTM-2595黑色）

羅紋布＝棉質彈性素面布（NTM-1518 #19黑色）／Jack&Bean

推薦素材

秋冬選擇厚度較厚、內起毛加工布料，會更加暖和。如果是春夏季節，可選擇一般平紋布或較輕薄的布料製作。

# 7 帽T製作方法

| 尺寸 | 完成尺寸（cm） | | | 布料用量 |
|---|---|---|---|---|
| | 身長 | 胸圍 | 袖長 | 寬180cm |
| 110 | 47.5 | 74.5 | 57 | 90cm |
| 120 | 51.5 | 79.5 | 61.5 | 1m |
| 130 | 55 | 84.5 | 66 | 1m10cm |
| 140 | 59 | 90 | 70.5 | 1m30cm |
| 150 | 63 | 95 | 74.5 | 1m40cm |
| S | 64.5 | 100 | 77.5 | 1m50cm |
| M | 66.5 | 108 | 80.5 | 1m50cm |
| L | 68.5 | 115.5 | 83.5 | 2m10cm |
| 2L | 70.5 | 123 | 86.5 | 2m20cm |
| 3L | 72.5 | 131 | 89.5 | 2m20cm |

各尺寸共用材料
・羅紋布50cmW 寬50cm
・止伸襯布條0.9cm 寬40cm

＊原寸紙型無需另加縫份
記號中的數字代表紙型所包含的縫份，沒有指示處則為包含1cm縫份。
— 代表合印記號，剪入0.3cm牙口作記號。

布料裁剪方法
（M尺寸）

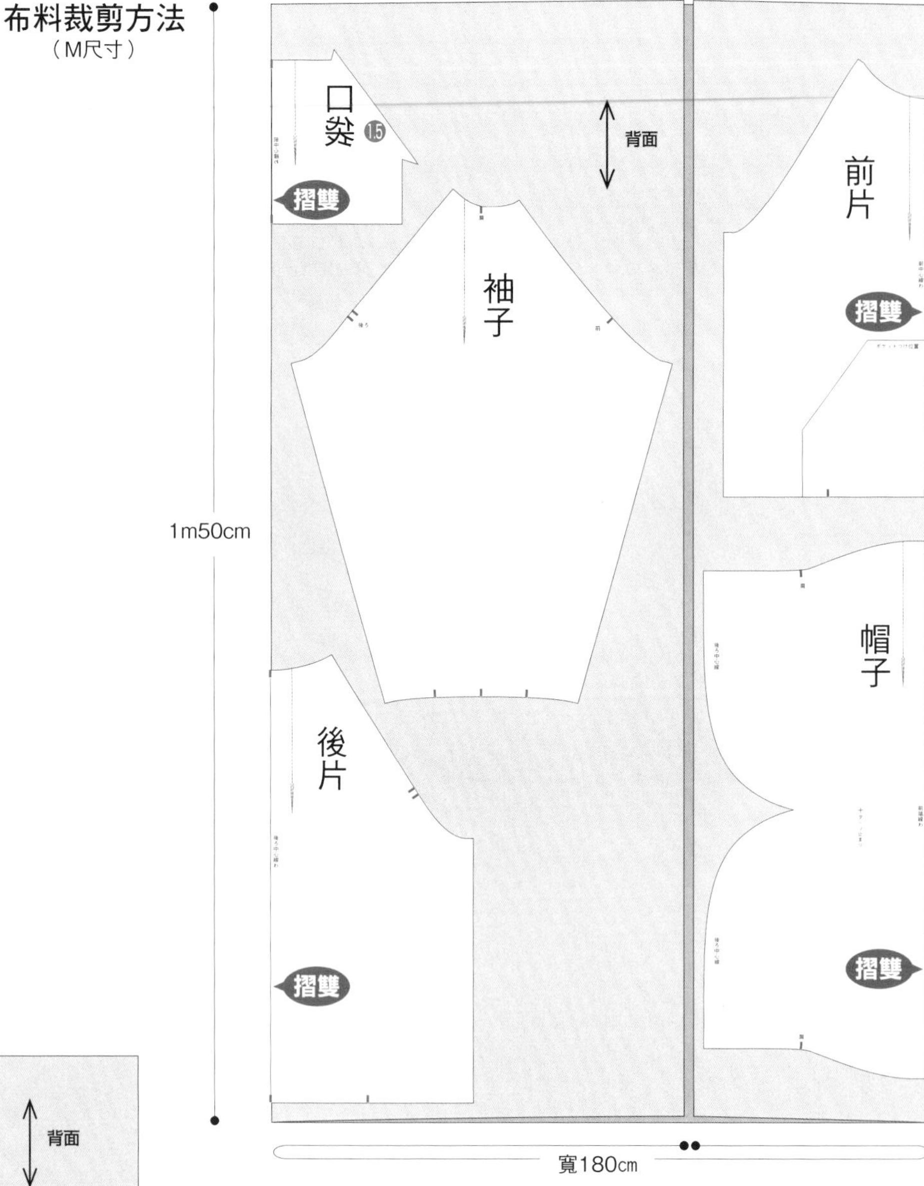


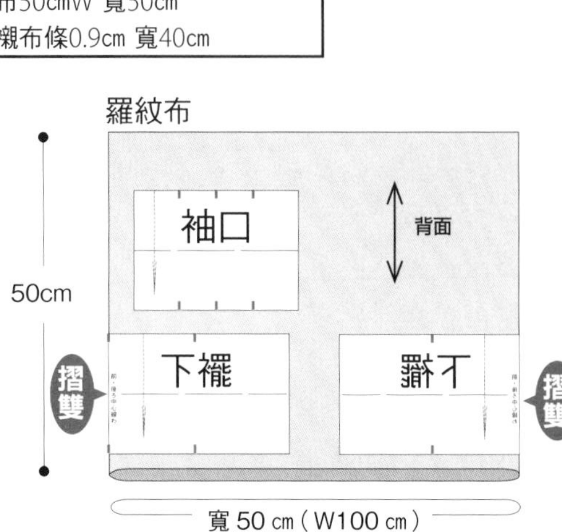


## 重點

・袖口和下襬使用羅紋布。如果沒有適合的顏色，也可以使用身片布料製作。但是羅紋布彈性大，很好縫製。

## 1. 製作口袋

製作圖片使用的布料
表布＝厚彈性布（NTM-262白色）羅紋布＝棉20素面羅紋布（NTM-2024＃51米色）／Jack&Bean

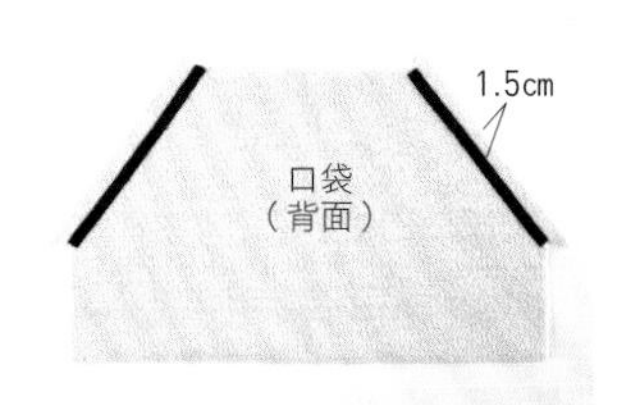


1 口袋口貼上止伸襯布條。

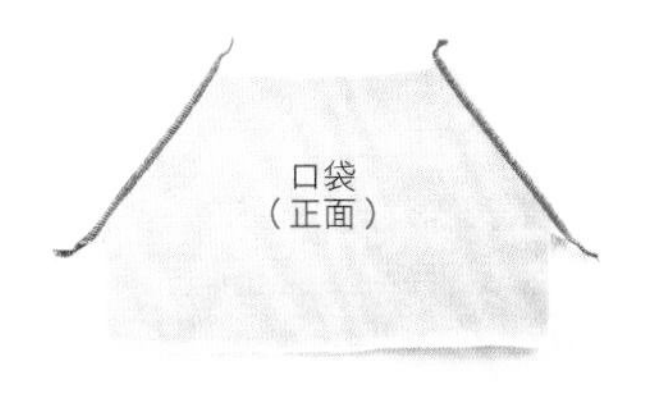


2 口袋口縫份拷克（P9-A）。
※若選擇繃縫機製作，則不需拷克。

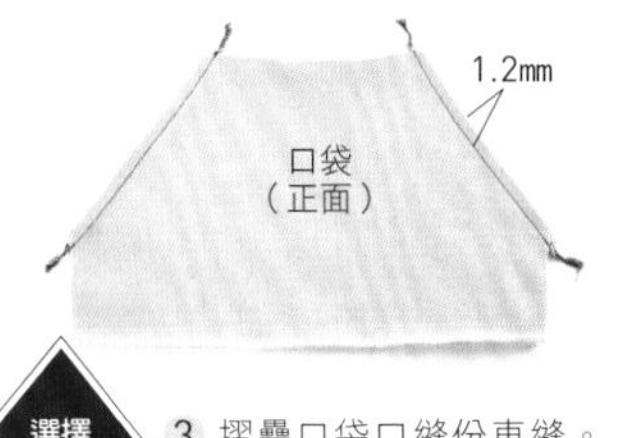


選擇縫線

3 摺疊口袋口縫份車縫。
※縫線和車縫線請選擇P.11-9. Ⅰ、Ⅲ和Ⅳ（以下同）。

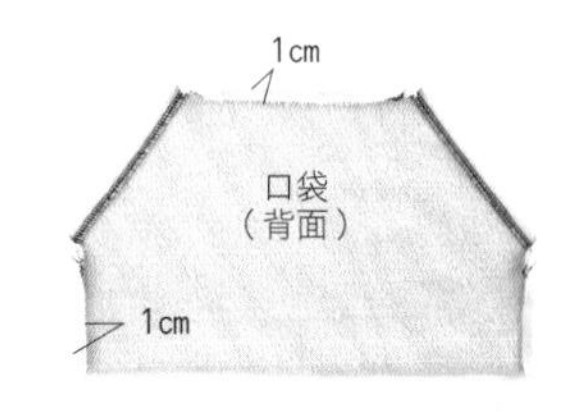


4 摺疊上側和側面縫份。

## 2. 口袋車縫至前片

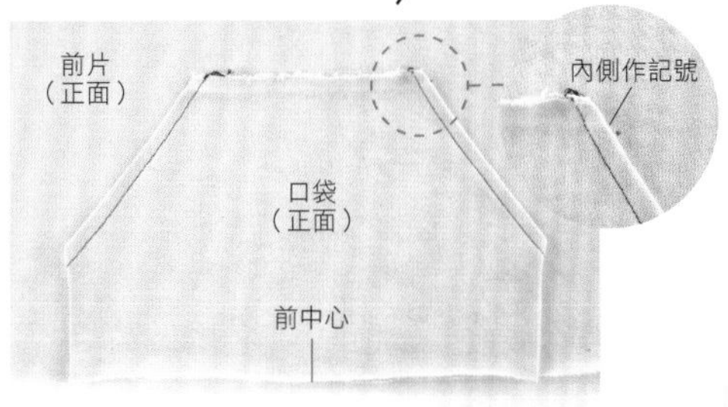


1 對齊前中心和口袋合印記號，口袋上角處作記號。

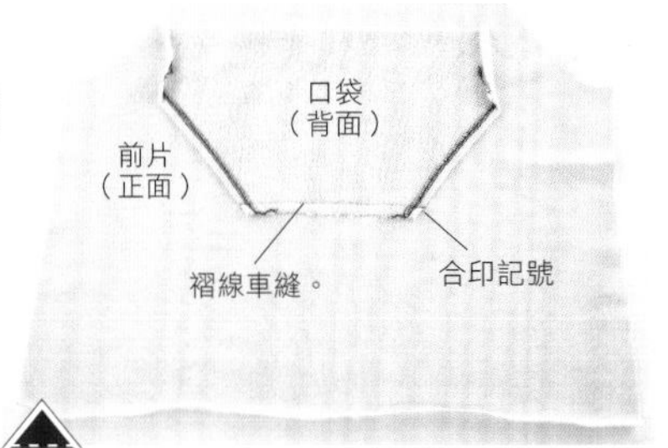


直線車縫 2 口袋翻至背面，重疊至口袋褶線記號上側0.1cm處車縫。

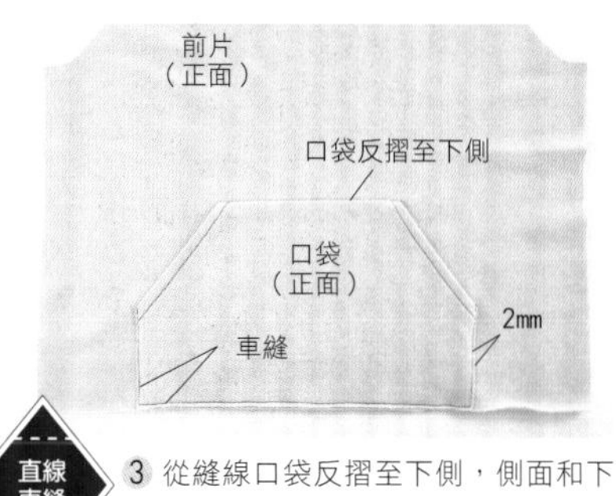


直線車縫 3 從縫線口袋反摺至下側，側面和下側車縫。

## 3. 接縫身片和袖子

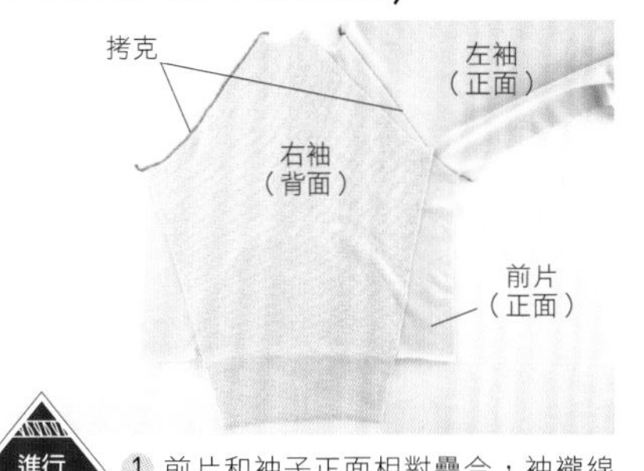


進行拷克 1 前片和袖子正面相對疊合，袖襱線拷克縫製（P.10-B・C）。

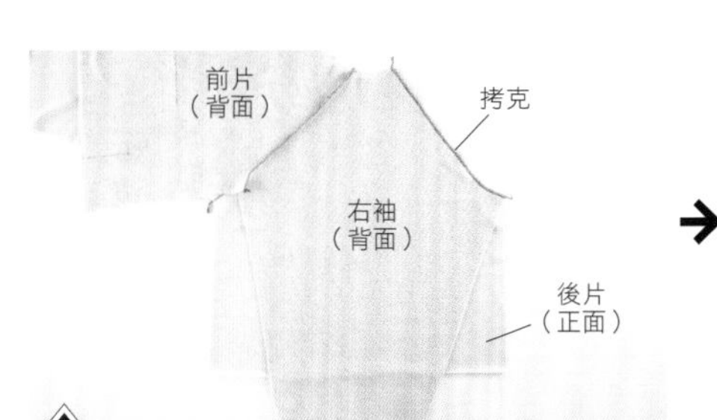


進行拷克 2 後片和袖子正面相對疊合，袖襱線拷克縫製（P.10-B・C）。

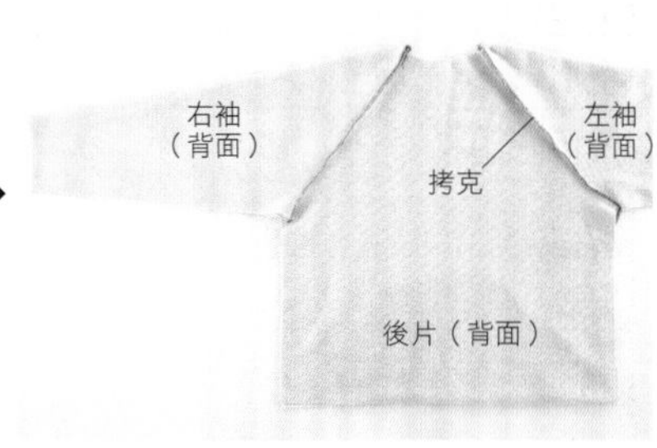


左袖也依相同方法處理。

## 4. 車縫袖下和脇線

前片和後片正面相對疊合，脇下縫份各自倒向另一側。袖下和脇線拷克車縫。（P.10-B・C）

## 5. 製作帽子

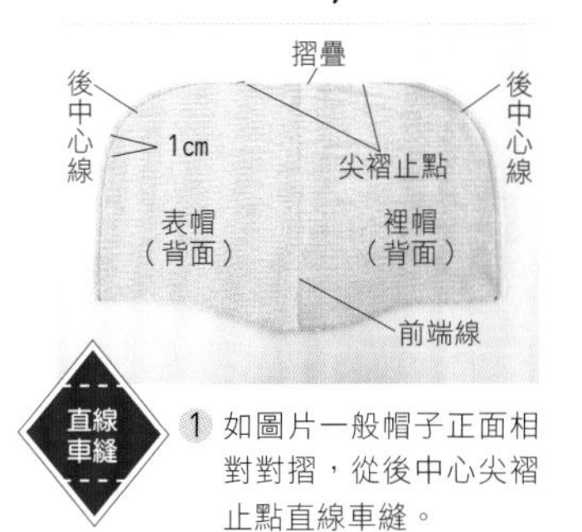


直線車縫 1 如圖片一般帽子正面相對對摺，從後中心尖褶止點直線車縫。

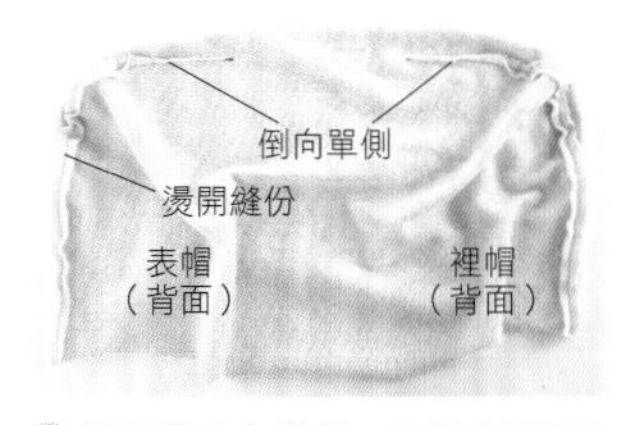


2 燙開後中心縫份，靠近尖褶無法燙開部分則倒向單側。

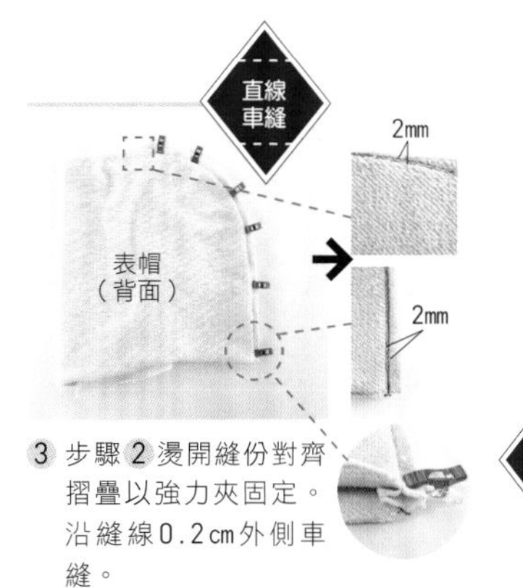


3 步驟 2 燙開縫份對齊摺疊以強力夾固定。沿縫線0.2cm外側車縫。

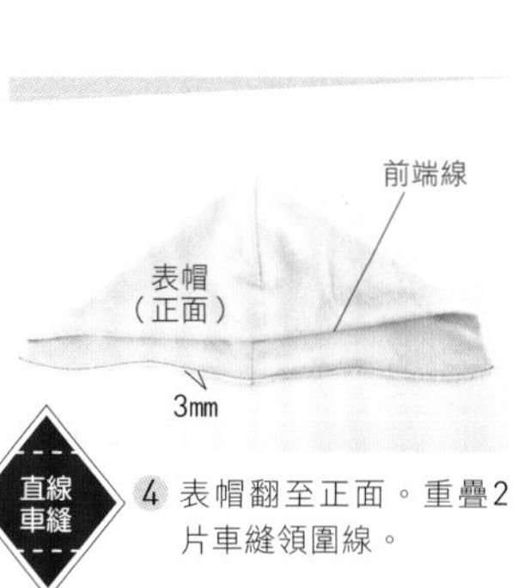


直線車縫 4 表帽翻至正面。重疊2片車縫領圍線。

## 6. 製作袖口、接縫袖子

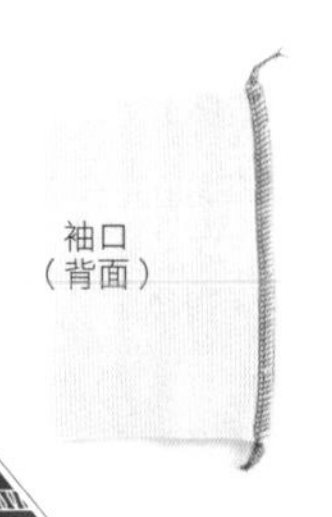


進行拷克

1 袖口正面相對疊合，直向摺疊拷克（P.10-B）。

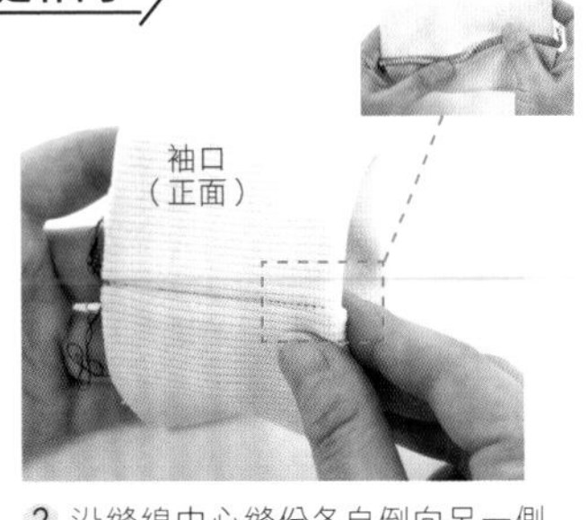


2 沿縫線中心縫份各自倒向另一側對摺。

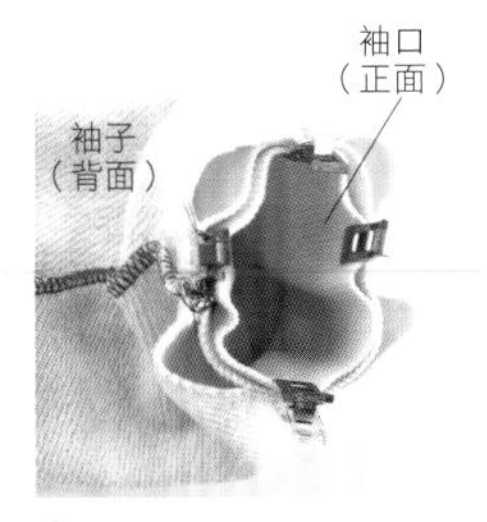


3 袖子重疊袖口合印記號，以強力夾固定。

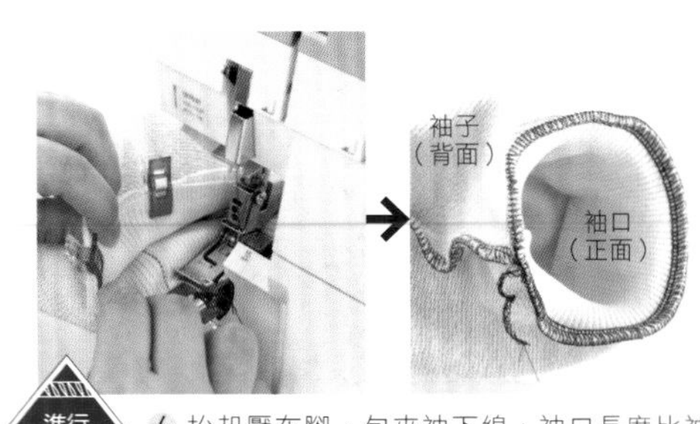


進行拷克

4 抬起壓布腳，包夾袖下線，袖口長度比袖子短，保持一樣長度拉整袖口長度拷克車縫。處理縫線（P.11-EF）。

## 7. 製作下襬、接縫製身片

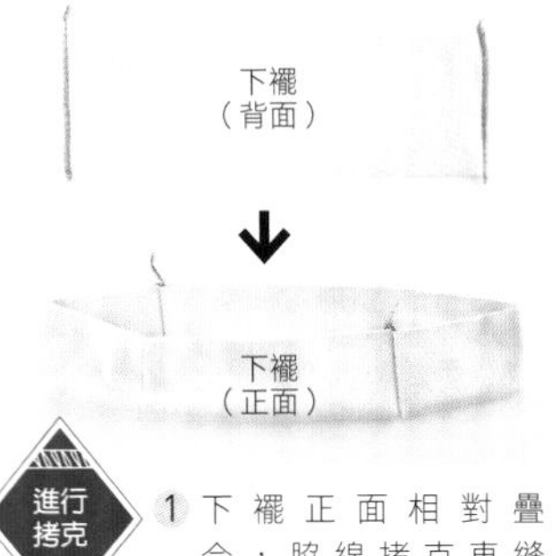


進行拷克

1 下襬正面相對疊合，脇線拷克車縫（P.10-B）。同6. 2步驟對摺。

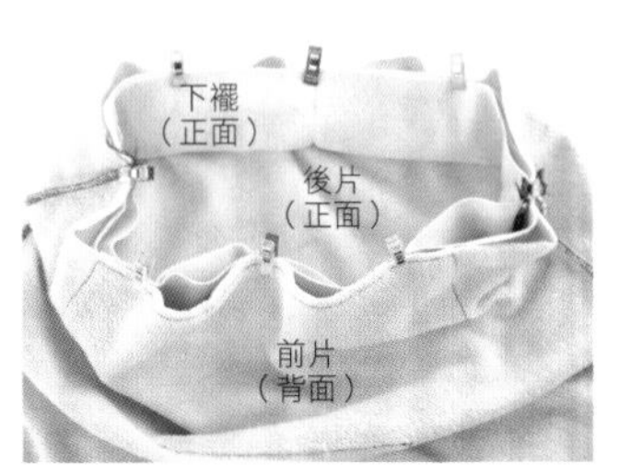


2 身片重疊下襬合印記號以強力夾固定。中間再另以強力夾固定。

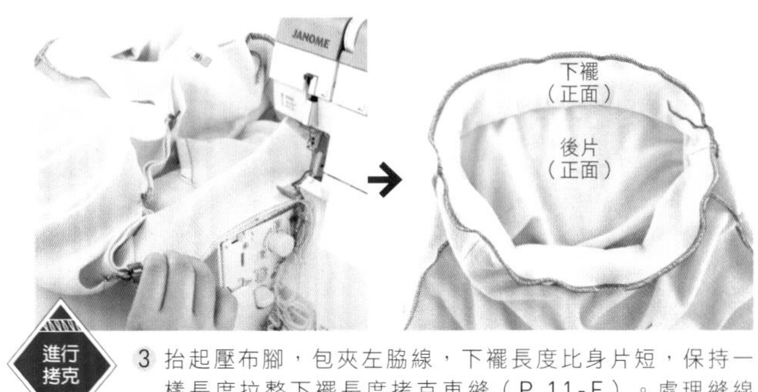


進行拷克

3 抬起壓布腳，包夾左脇線，下襬長度比身片短，保持一樣長度拉整下襬長度拷克車縫（P.11-E）。處理縫線（P.11-F）。

## 8. 身片接縫帽子

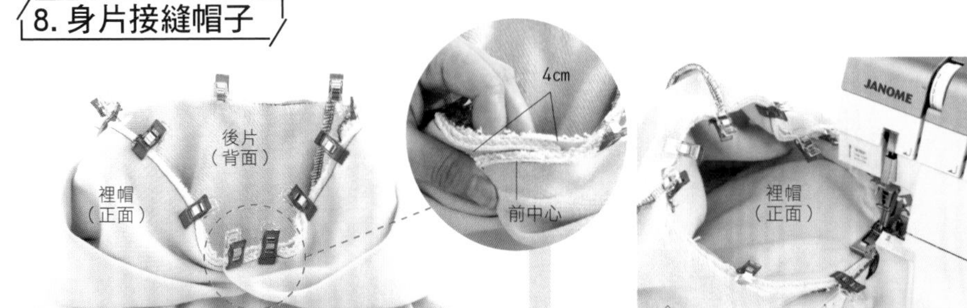


1 身片重疊帽子，前中心重疊4cm，以強力夾固定。

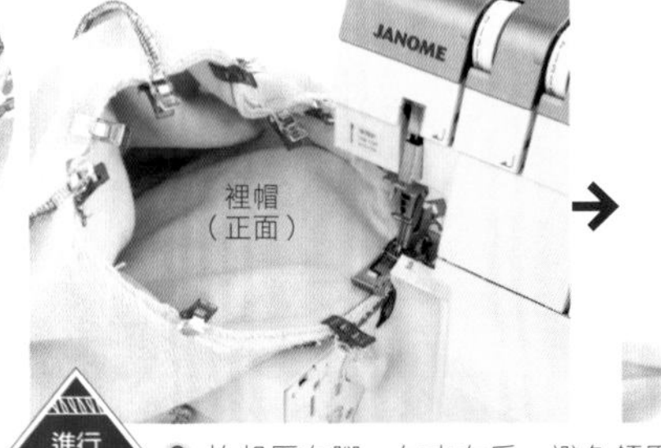


進行拷克

2 抬起壓布腳，包夾左肩。避免領圍變形，邊緣先拷克處理（P.10-BC）。處理縫線（P.11-F）。

直線車縫

3 領圍縫份倒向身片側車縫。※這個步驟也可以省略。也可在領圍縫線上直接繃縫。

# 8

| 休閒帽T |

同7的款式，但採用鋪棉素材，有張力的材質，不會太過休閒風。羅紋部分同身片布料。小巧硬挺的連帽，搭配雞眼釦更顯搶眼獨特。

**尺寸** | 110～3L

**製作方法** | P.30

使用布料
POLY＝RYON（19-19-1＃34・雙色灰＊黑色）／大塚屋

**推薦素材**
袖口和下襬可以直接使用身片布料製作，也可以選擇羅紋布或彈力伸縮布。

# 帽T製作方法

原寸紙型B面

| 尺寸 | 完成尺寸（cm） | | | 布料用量 |
|---|---|---|---|---|
| | 身長 | 胸圍 | 袖長 | 寬145cm |
| 110 | 47.5 | 74.5 | 57 | 1m50cm |
| 120 | 51.5 | 79.5 | 61.5 | 1m50cm |
| 130 | 55 | 84.5 | 66 | 1m60cm |
| 140 | 59 | 90 | 70.5 | 1m70cm |
| 150 | 63 | 95 | 74.5 | 1m90cm |
| S | 64.5 | 100 | 77.5 | 2m |
| M | 66.5 | 108 | 80.5 | 2m |
| L | 68.5 | 115.5 | 83.5 | 2m10cm |
| 2L | 70.5 | 123 | 86.5 | 2m20cm |
| 3L | 72.5 | 131 | 89.5 | 2m40cm |

各尺寸共用材料
・止伸襯布條0.9cm 寬40cm
・止雞眼釦0.8cm 2組

## 重點

・下襬和袖口同身片布料。
・帽子雞眼釦裝飾。

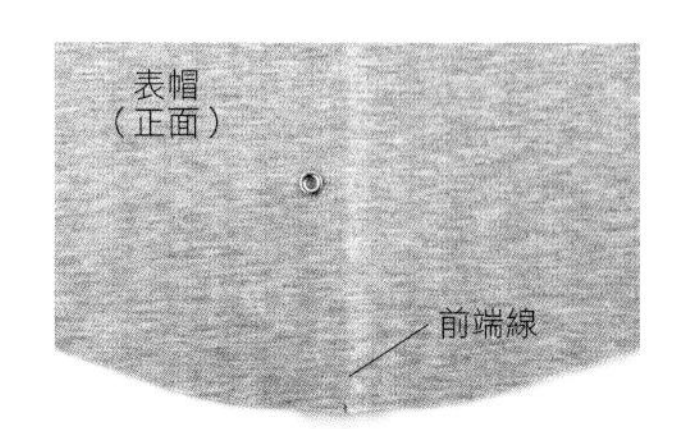


縫製前，表帽側裝上雞眼釦。

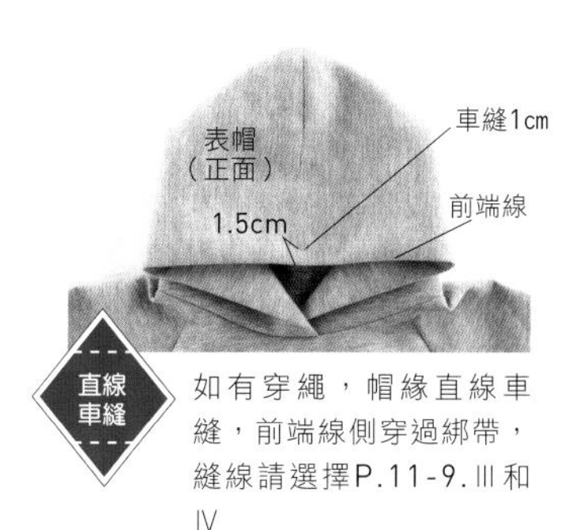


直線車縫　如有穿繩，帽緣直線車縫，前端線側穿過綁帶，縫線請選擇P.11-9.Ⅲ和Ⅳ

## 布料裁剪方法

（M尺寸）

＊原寸紙型無需另加縫份
記號中的數字代表紙型所包含的縫份，沒有指示處則為包含1cm縫份。
— 代表合印記號，剪入0.3cm牙口作記號。

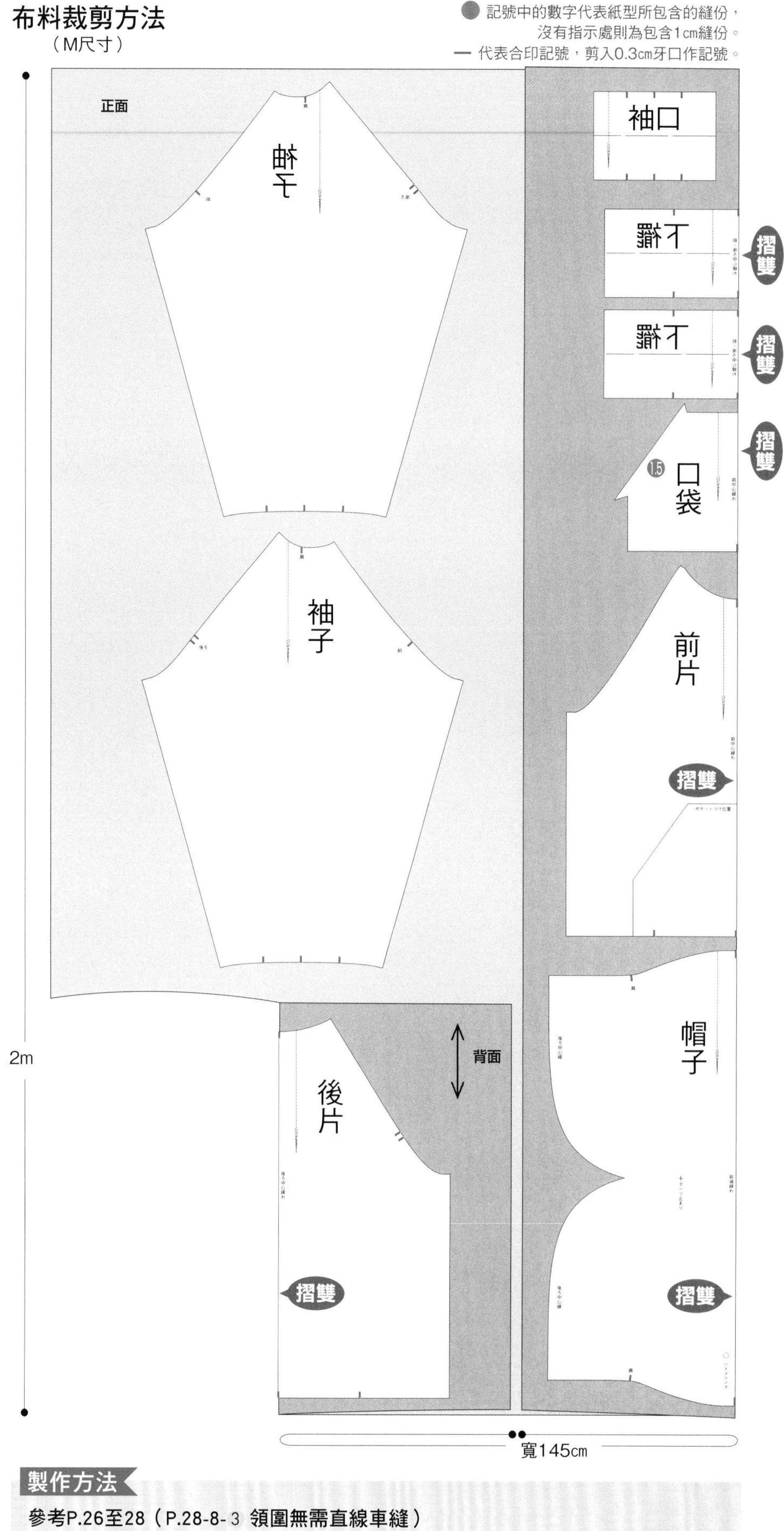


## 製作方法

參考P.26至28（P.28-8-3 領圍無需直線車縫）

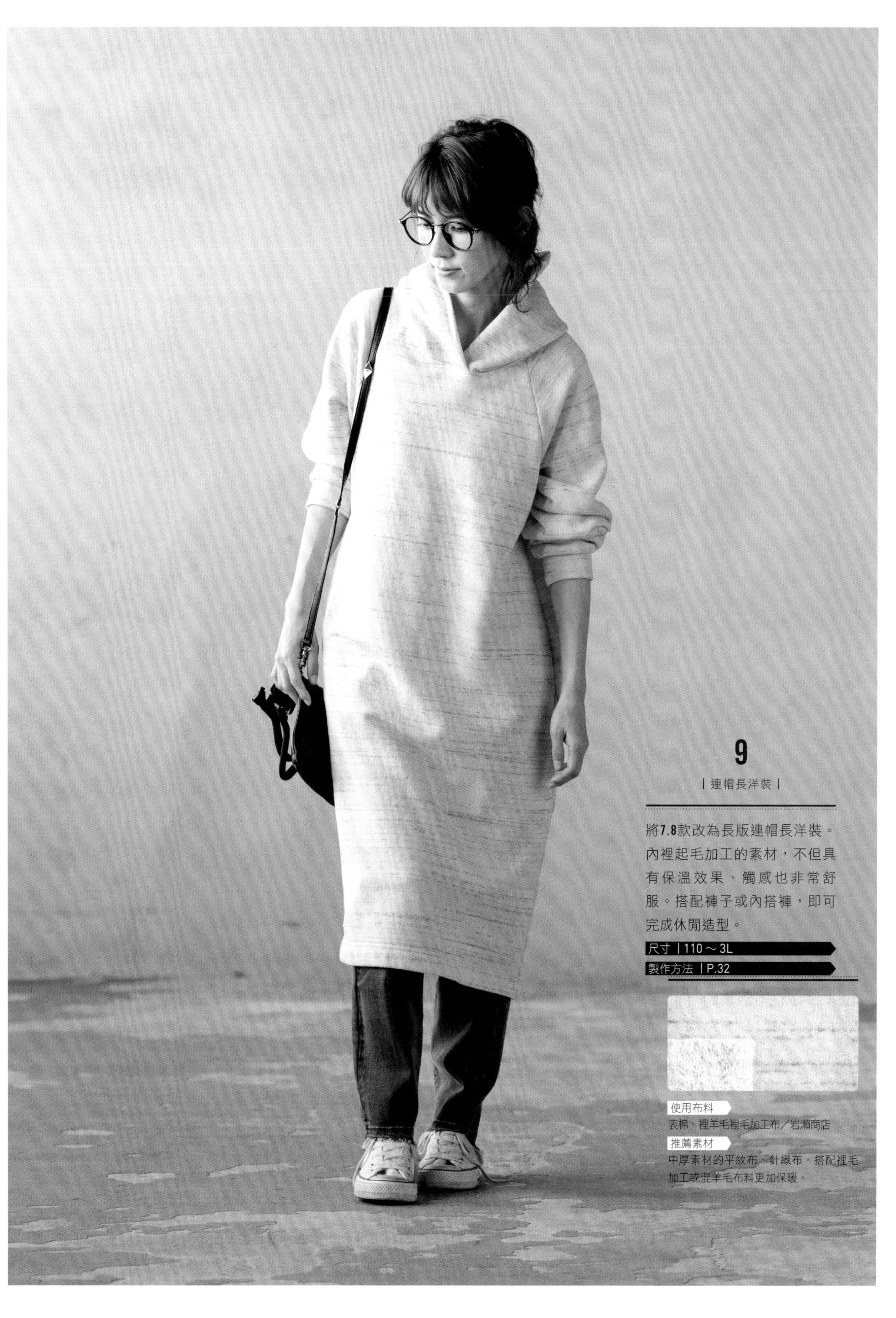

# 9

| 連帽長洋裝 |

將7.8款改為長版連帽長洋裝。內裡起毛加工的素材，不但具有保溫效果、觸感也非常舒服。搭配褲子或內搭褲，即可完成休閒造型。

尺寸 | 110～3L

製作方法 | P.32

使用布料

表棉、裡羊毛裡毛加工布／岩瀨商店

推薦素材

中厚素材的平紋布、針織布。搭配裡毛加工或混羊毛布料更加保暖。

# 9 連帽長洋裝製作方法

原寸紙型B面

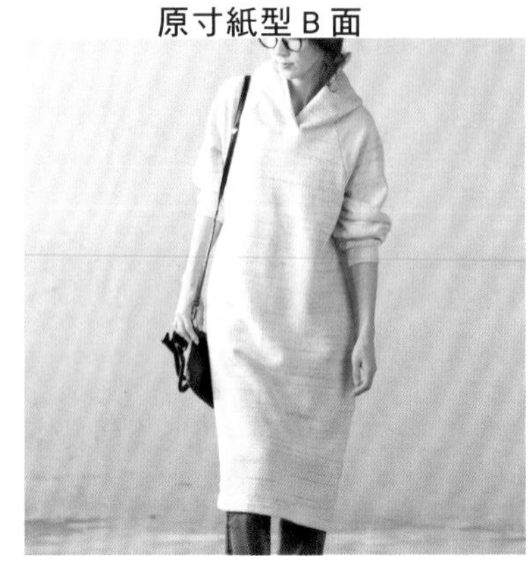

| 尺寸 | 完成尺寸（cm） | | | 布料用量 | 尺寸變更 |
|---|---|---|---|---|---|
| | 身長 | 胸圍 | 袖長 | 寬140cm | ◆ |
| 110 | 69 | 74.5 | 57 | 1m30cm | 27.5 |
| 120 | 75.5 | 79.5 | 61.5 | 1m40cm | 30.5 |
| 130 | 81.5 | 84.5 | 66 | 1m50cm | 32.5 |
| 140 | 88 | 90 | 70.5 | 1m70cm | 35 |
| 150 | 94.5 | 95 | 74.5 | 2m20cm | 37.5 |
| S | 97 | 100 | 77.5 | 2m30cm | 38.5 |
| M | 100.5 | 108 | 80.5 | 2m50cm | 40 |
| L | 103.5 | 115.5 | 83.5 | 2m60cm | 41 |
| 2L | 107 | 123 | 86.5 | 2m70cm | 42.5 |
| 3L | 110 | 131 | 89.5 | 2m80cm | 43.5 |
| 各尺寸共用材料<br>・止伸襯布條0.9cm 寬40cm | | | | | |

## 重點

・袖口和下襬使用身片布料製作。

## 製作順序

1. 修改紙型裁剪布料（裁布方法）。
2. 製作脇邊口袋（P.33）。
   接縫身片和袖子（P.27-3）。
   袖下和脇邊車縫（P.27-4）。
3. 製作帽子。
4. 製作袖口、接縫袖子。
5. 身片接縫帽子。
6. 車縫下襬。

## 布料裁剪方法
（M尺寸）

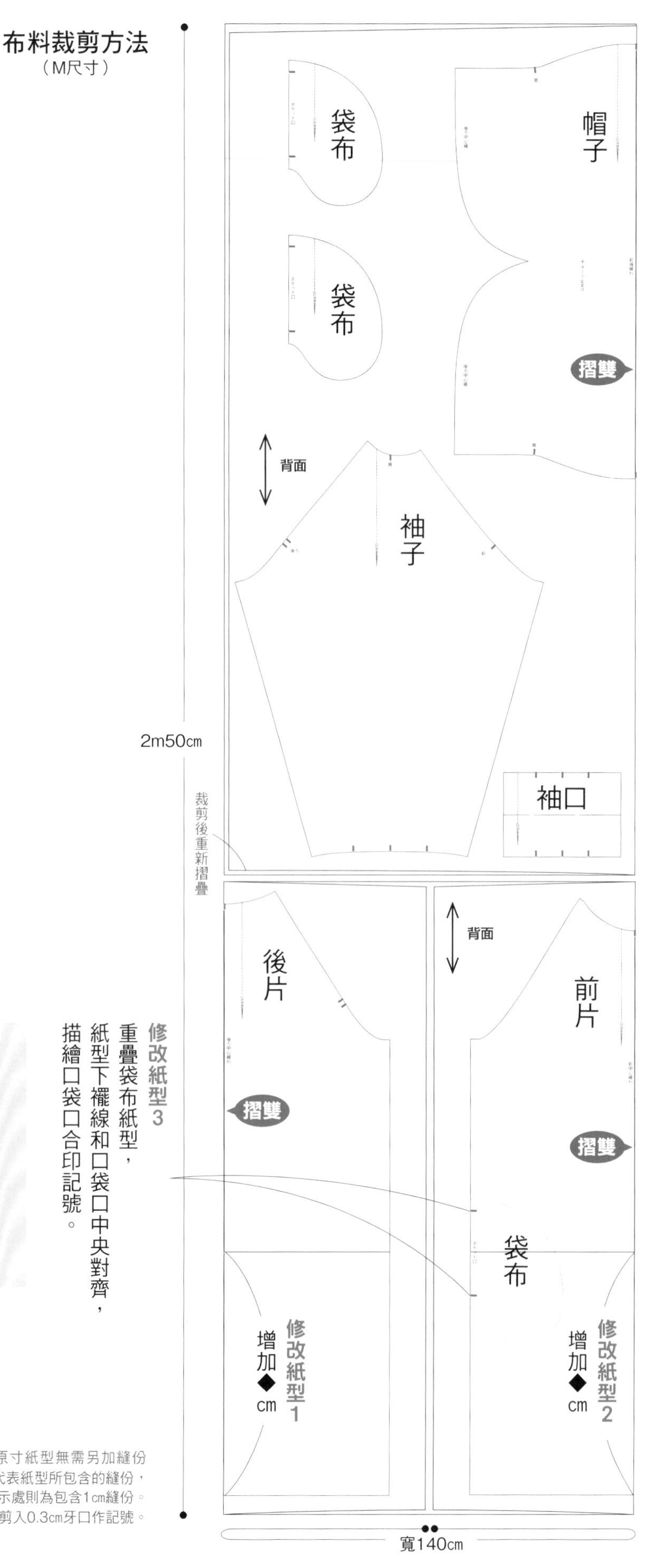


＊原寸紙型無需另加縫份
● 記號中的數字代表紙型所包含的縫份，沒有指示處則為包含1cm縫份。
— 代表合印記號，剪入0.3cm牙口作記號。

## 2. 製作脇邊口袋

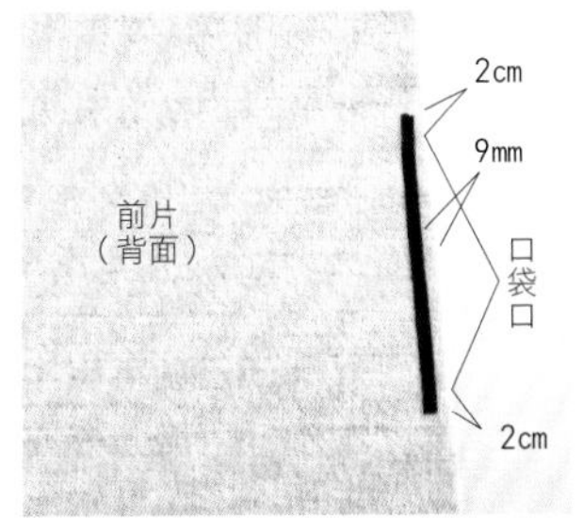


1 沿口袋口上下多2cm長度貼上止伸襯布條。

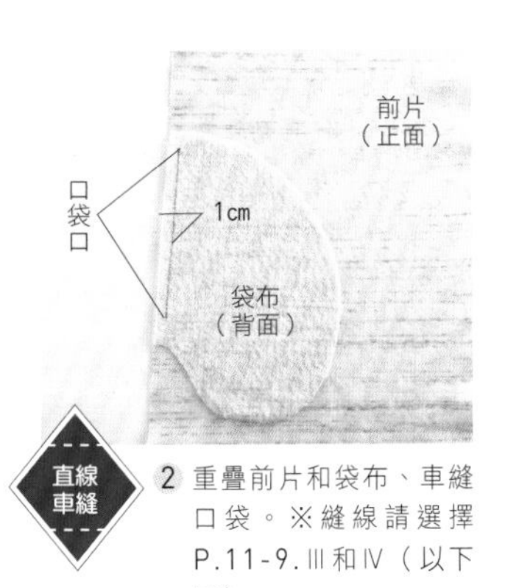


直線車縫 2 重疊前片和袋布、車縫口袋。※縫線請選擇P.11-9.Ⅲ和Ⅳ（以下同）

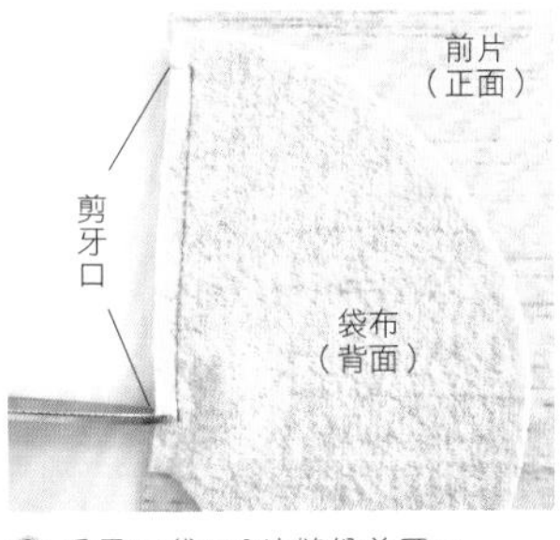


3 重疊口袋口2片縫份剪牙口。

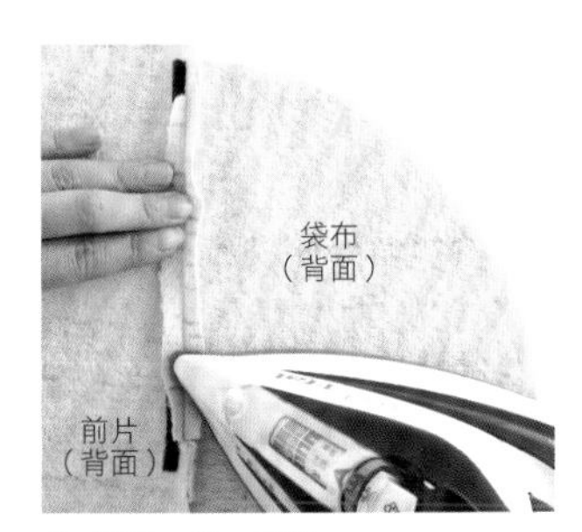


4 燙開口袋口縫份。

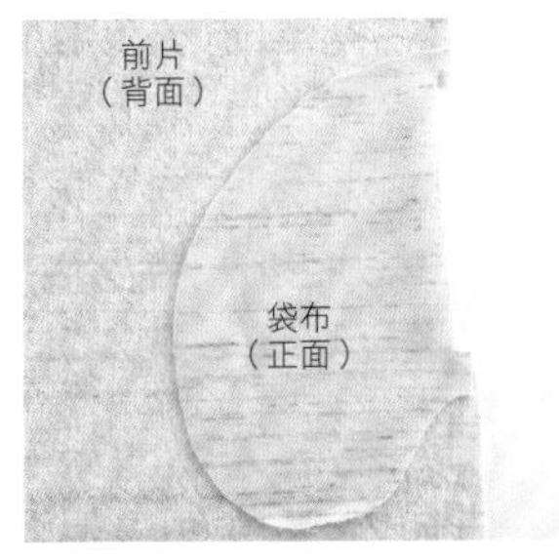


5 袋布翻至前面背面，摺疊縫份。

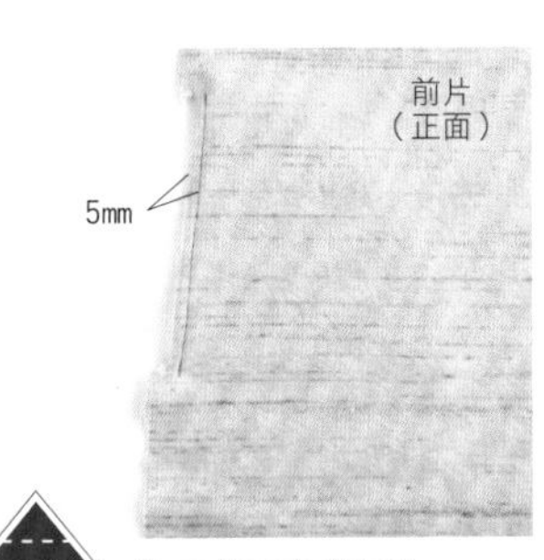


直線車縫 6 口袋口直線車縫。

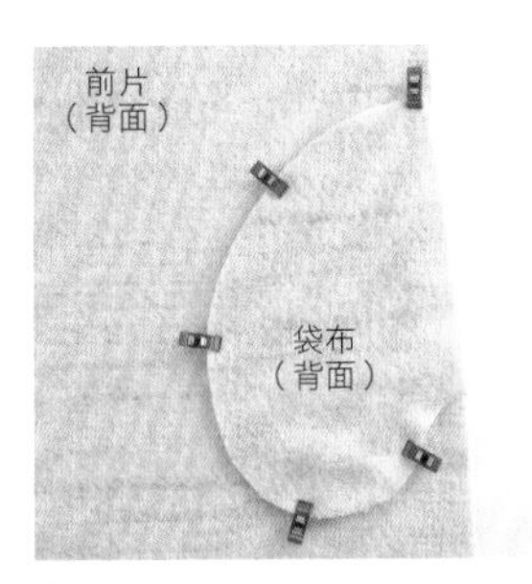


7 袋布正面相對重疊，以強力夾固定。

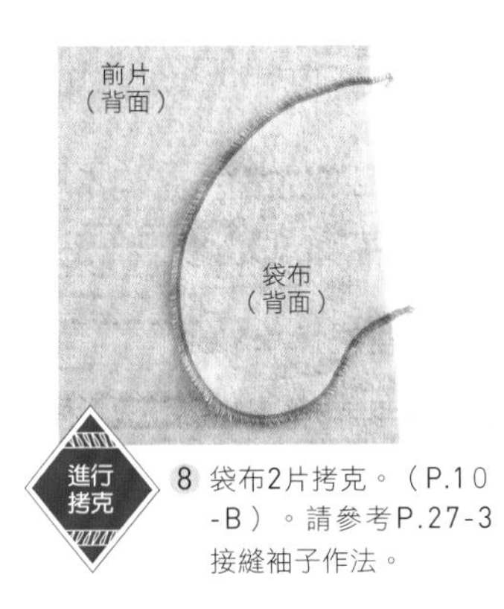


進行拷克 8 袋布2片拷克。（P.10-B）。請參考P.27-3接縫袖子作法。

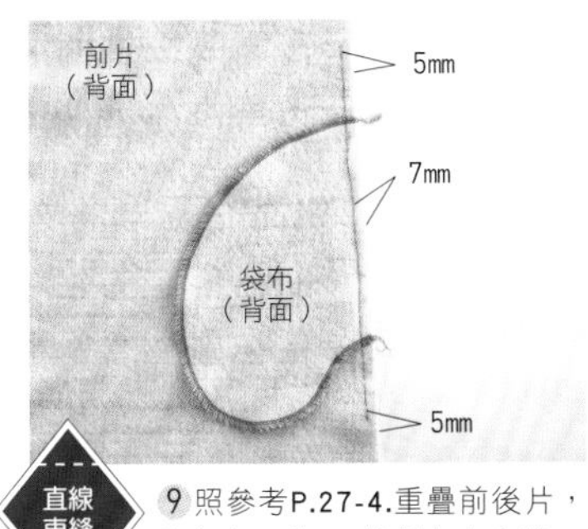


直線車縫 9 照參考P.27-4.重疊前後片，袋布上下沿5cm外側左右車縫。

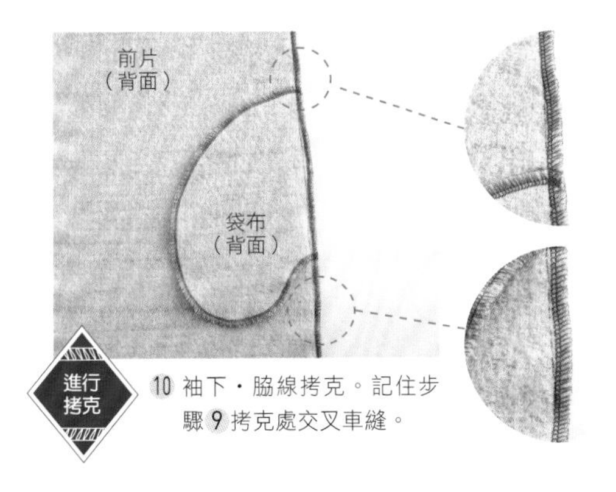


進行拷克 10 袖下・脇線拷克。記住步驟 9 拷克處交叉車縫。

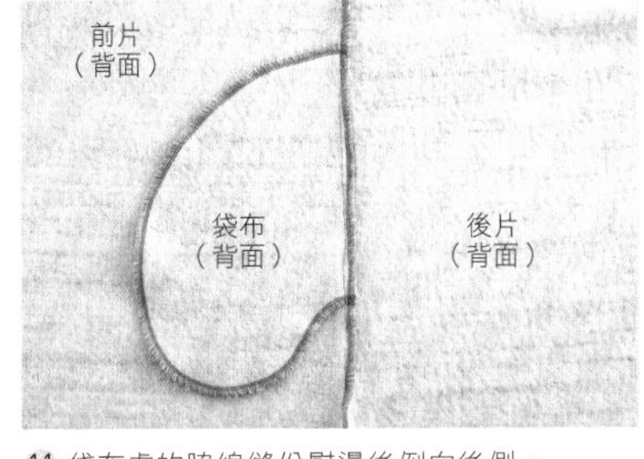


11 袋布處的脇線縫份熨燙後倒向後側。

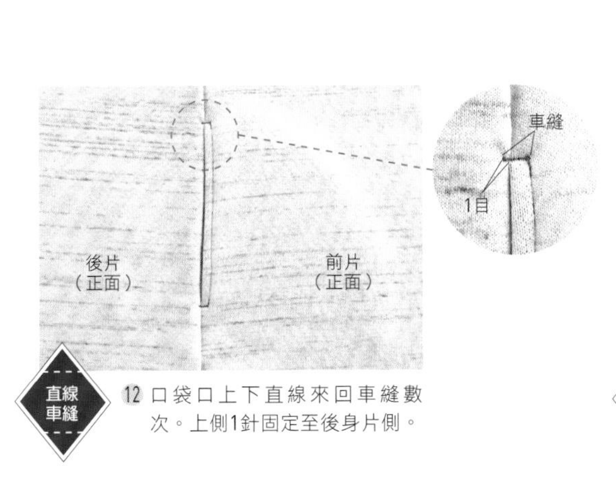


直線車縫 12 口袋口上下直線來回車縫數次。上側1針固定至後身片側。

## 6. 車縫下襬

進行拷克 1 下襬拷克。（p9-A）※右側 2 如果選擇繃縫機製作，則無需拷克。

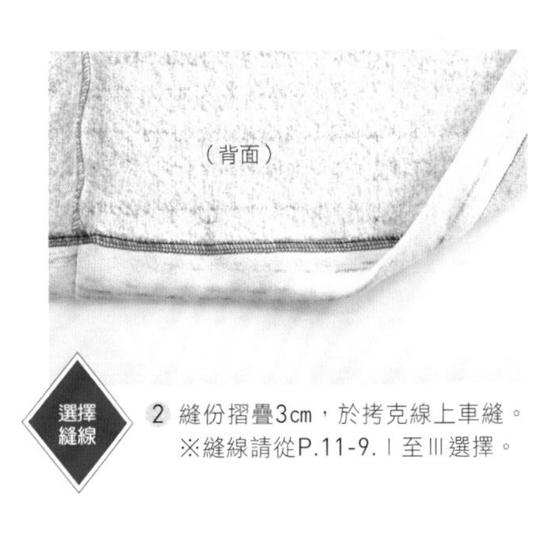


選擇縫線 2 縫份摺疊3cm，於拷克線上車縫。※縫線請從P.11-9.Ⅰ至Ⅲ選擇。

Part 4

# Slim pants

## 窄管褲

給人居家感很強的針織運動褲。

卻轉變成最具時尚感、超人氣的款式。

不正式感只要稍加改變輪廓裁剪，

不但能展現優雅質感，

更可修飾雙腿線條。

## 10

| 窄管褲 |

舒適的寬鬆腰線，以及漸漸收窄的褲管設計。腰圍寬鬆，搭配窄管褲腳，穿上休閒風鞋子和上衣也很合適。

尺寸 | 110～3L

製作方法 | P.36

使用布料

裡毛加工棉質針織布／大塚屋

推薦素材

中厚素材的平紋布、針織布會比較適合。內裡搭配裡毛觸感更加保暖。

# 10 窄管褲製作方法

原寸紙型 A 面

| 尺寸 | 完成尺寸（cm） | | 布料用量 | 鬆緊帶 |
|---|---|---|---|---|
| | 股下長 | 腰圍 | 寬90cm | 寬3cm |
| 110 | 44 | 65.5 | 1m10cm | 52cm |
| 120 | 49 | 69.5 | 1m30cm | 54cm |
| 130 | 54 | 74.5 | 1m60cm | 56cm |
| 140 | 60 | 79 | 1m80cm | 58cm |
| 150 | 65 | 84 | 1m90cm | 60cm |
| S | 68.5 | 88 | 2m10cm | 61cm |
| M | 71 | 95 | 2m10cm | 66cm |
| L | 73 | 101.5 | 2m20cm | 70cm |
| 2L | 75.5 | 108.5 | 2m30cm | 75cm |
| 3L | 77.5 | 115 | 2m40cm | 79cm |

各尺寸共用材料
・止伸襯布條0.9cm 寬40cm

※鬆緊帶長度請依據自己喜好調節。

## 重點

・腰帶可以使用羅紋彈性布代替。
・窄管褲股下受力較多，需縫上檔布。
・可依據自己需要調節下襬寬度。紙型調整請參考 P.63。
・因為布寬限制 3L 腰帶紙型無法配置，請從右脇線接縫。

＊原寸紙型無需另加縫份
● 記號中的數字代表紙型所包含的縫份，沒有指示處則為包含1cm縫份。
— 代表合印記號，剪入0.3cm牙口作記號。

## 布料裁剪方法
（M尺寸）

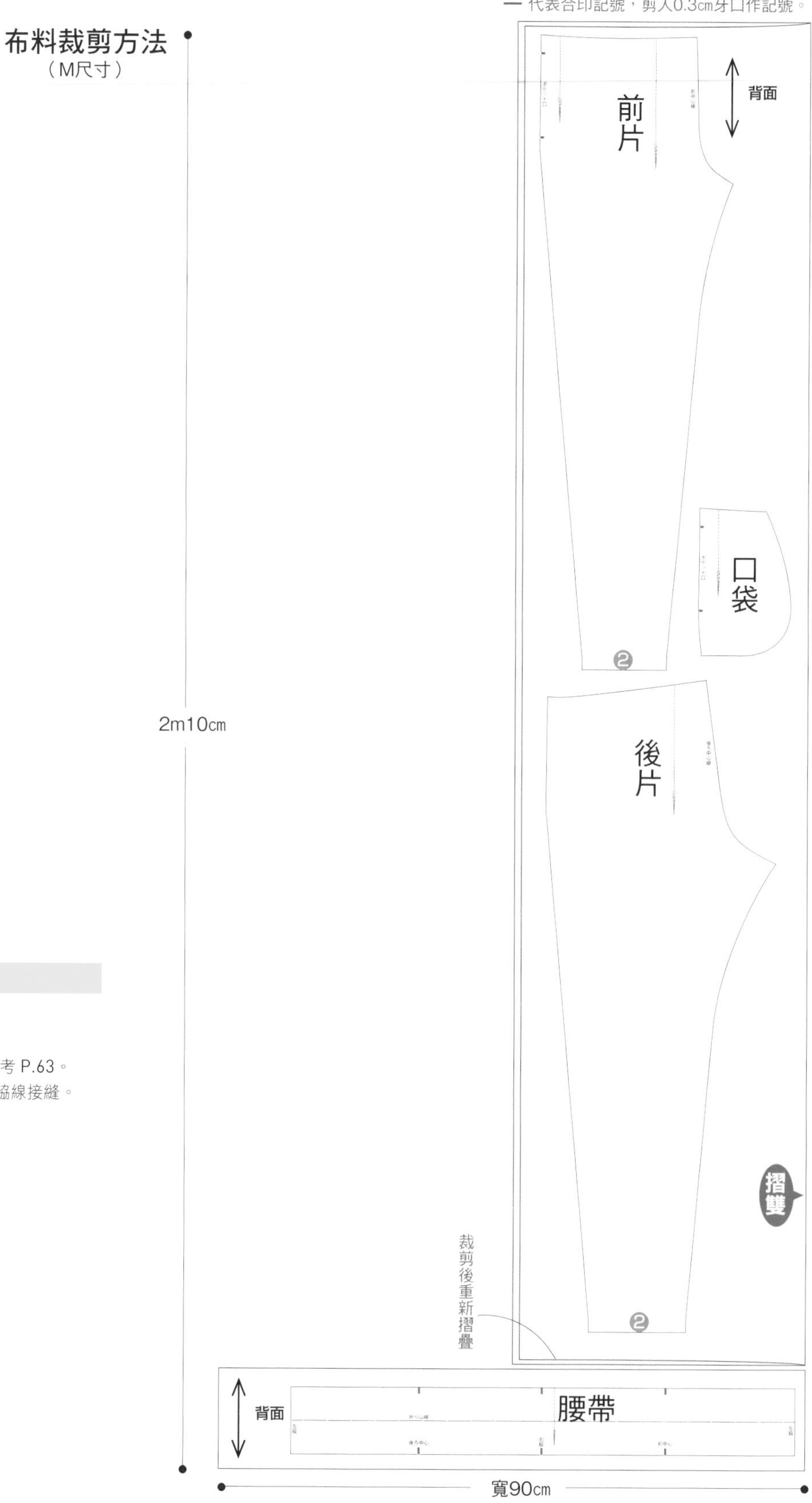

## 1. 製作前口袋

圖片使用的布料
裡毛加工棉質針織布（19-3076-t2花灰色／大塚屋）

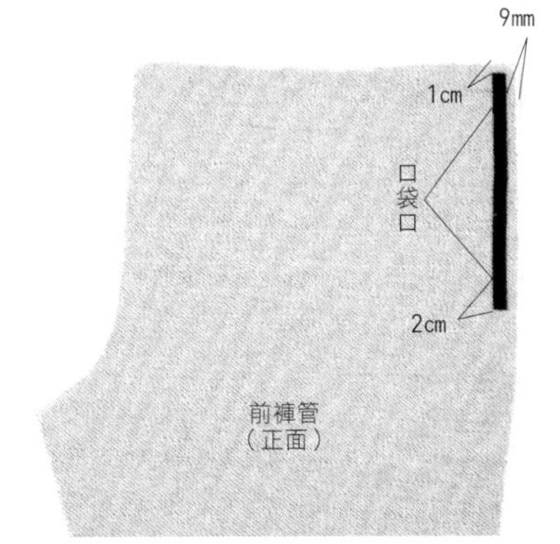


1 口袋口貼上止伸襯布條。

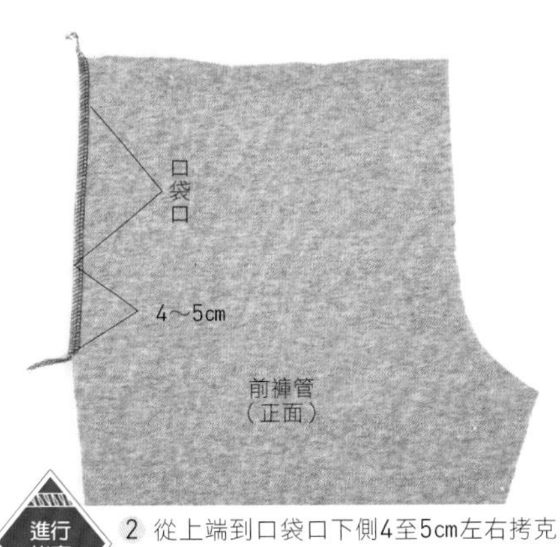


進行拷克 2 從上端到口袋口下側4至5cm左右拷克（P.9-A）。

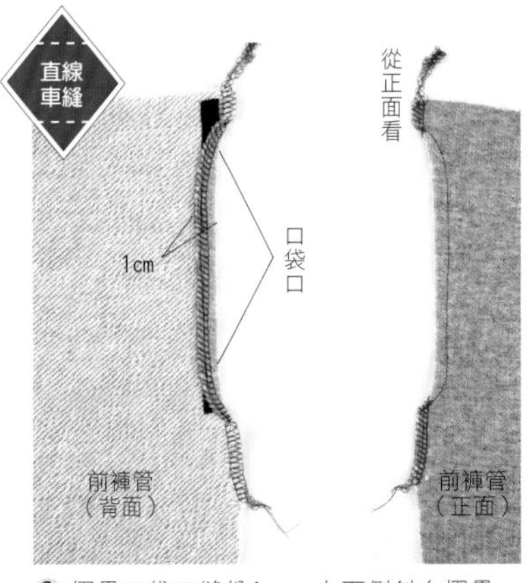


3 摺疊口袋口縫份1cm。上下側斜向摺疊。拷克線處直線車縫。※縫線請選擇P.11-9.Ⅲ和Ⅳ（以下同）

進行拷克 4 口袋布邊拷克（P.9-A）。

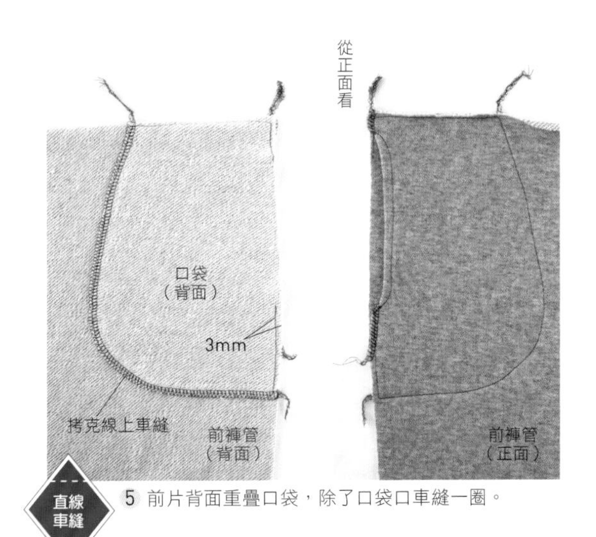


直線車縫 5 前片背面重疊口袋，除了口袋口車縫一圈。

## 2. 車縫脇線

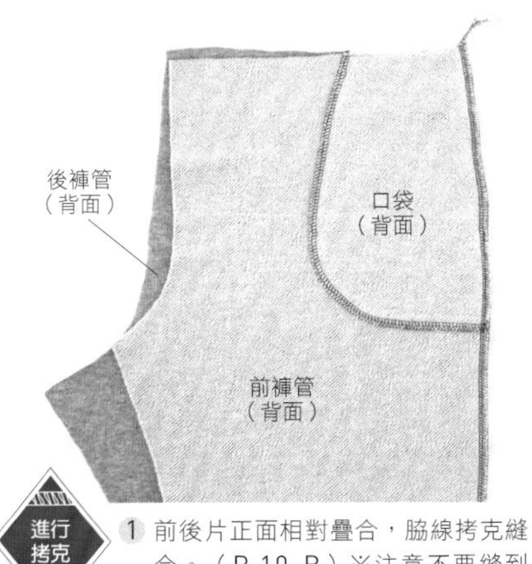


進行拷克 1 前後片正面相對疊合，脇線拷克縫合。（P.10-B）※注意不要縫到口袋口。

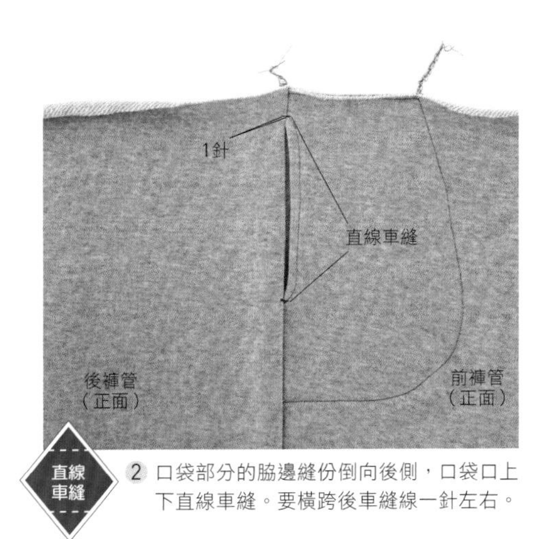


直線車縫 2 口袋部分的脇邊縫份倒向後側，口袋口上下直線車縫。要橫跨後車縫線一針左右。

## 3. 車縫股下

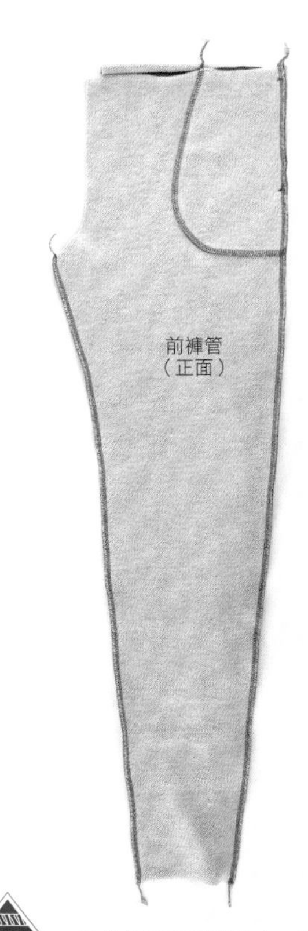


進行拷克 前後片正面相對疊合，股下線拷克縫合。（P.10-B）左褲管也以相同方法車縫。

## 4. 車縫股圍線

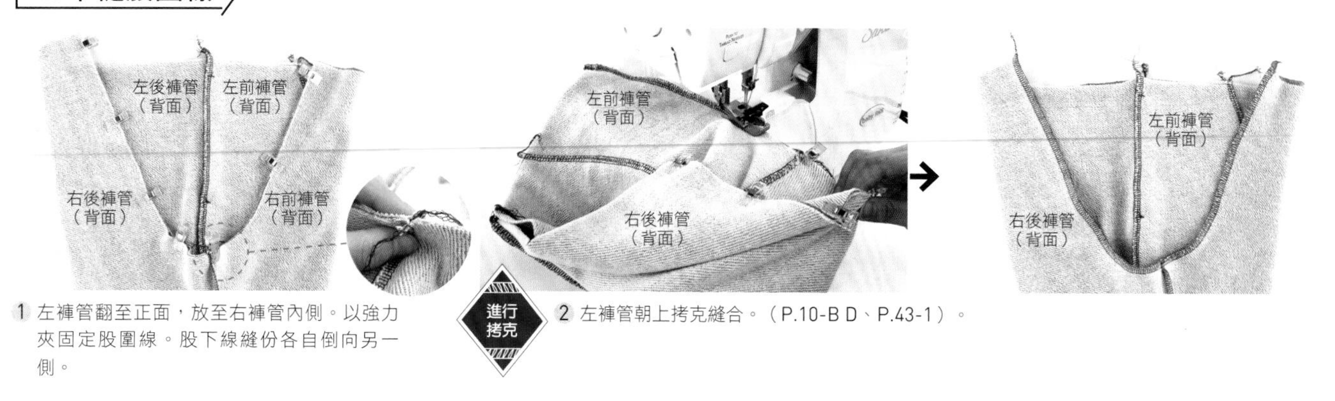


1 左褲管翻至正面，放至右褲管內側。以強力夾固定股圍線。股下線縫份各自倒向另一側。

進行拷克 2 左褲管朝上拷克縫合。（P.10-B D、P.43-1）。

## 5. 股圍接縫襠布

※布料太厚時，可以用薄的平紋布或棉織帶代替。

1 裁剪3×6cm布片。

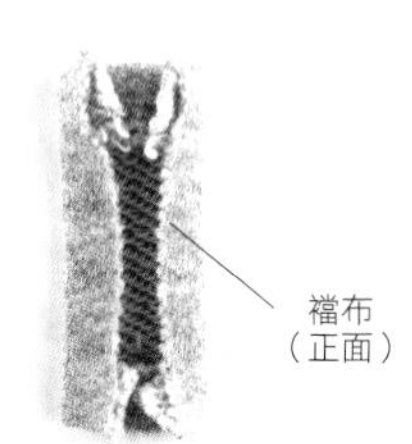


2 上下左右0.7cm熨燙摺疊。

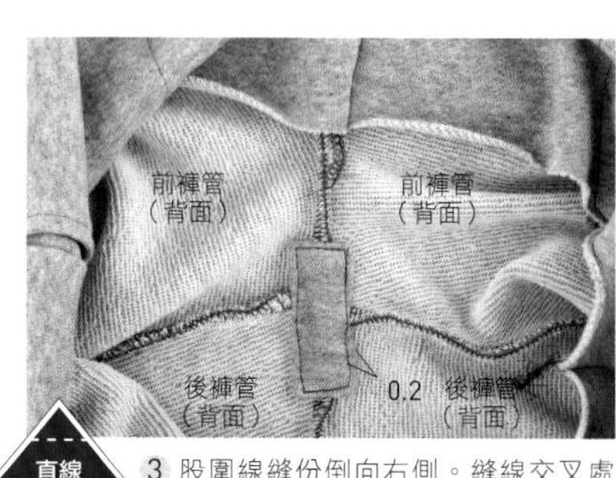


直線車縫 3 股圍線縫份倒向右側。縫線交叉處重疊襠布車縫。

## 6. 製作腰帶、接縫褲管

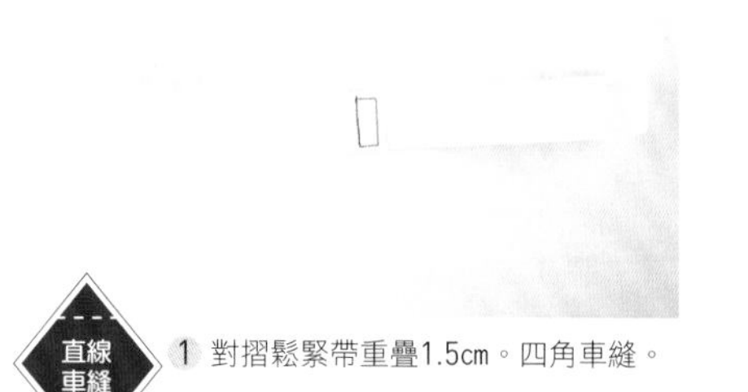

直線車縫 1 對摺鬆緊帶重疊1.5cm。四角車縫。

直線車縫 2 腰帶正面相對疊合車縫。

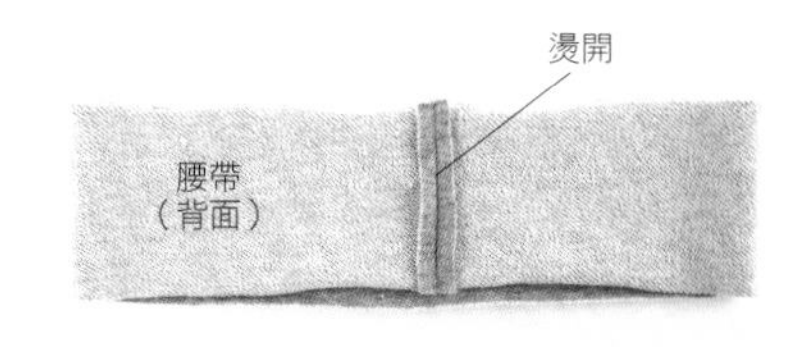


3 燙開縫份。

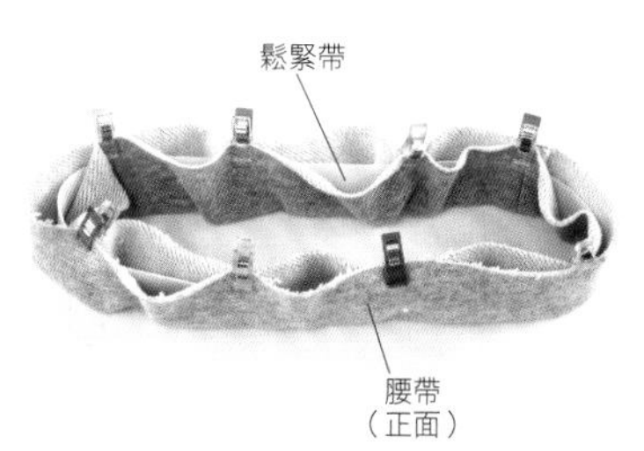


4 腰帶對摺，中間夾入鬆緊帶以強力夾固定。

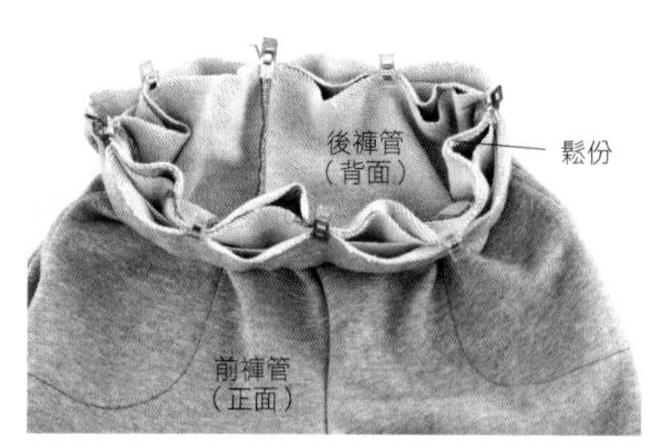


5 褲子腰線重疊腰帶。腰帶縫線對齊左脇作上記號。比起腰帶褲子腰線長度較長，請均等分配鬆份並加以固定。

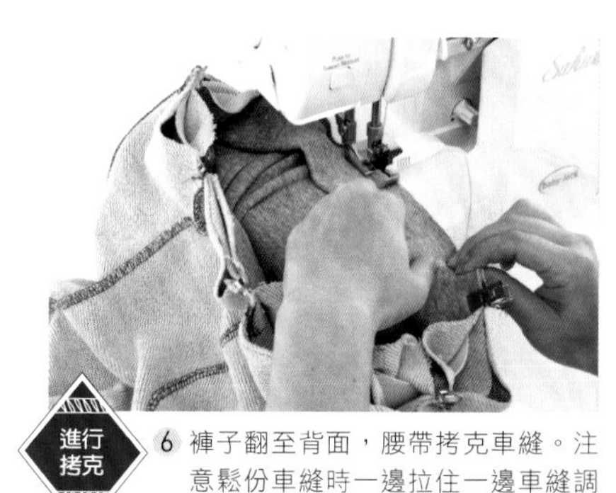

進行拷克 6 褲子翻至背面，腰帶拷克車縫。注意鬆份車縫時一邊拉住一邊車縫調整。

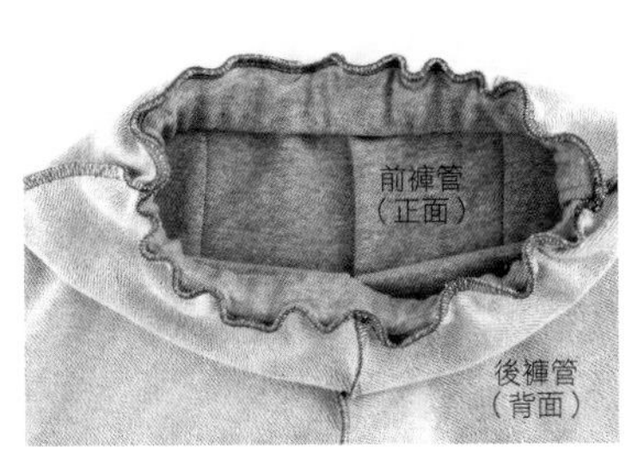


7 處理縫線（P.11-f）。

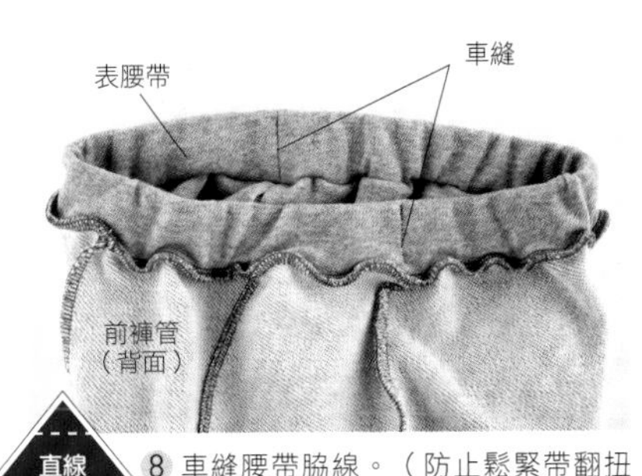


直線車縫

8 車縫腰帶脇線。（防止鬆緊帶翻扭轉）正面腰帶側的左脇線朝上，車縫縫線。

## 7. 下襬拷克

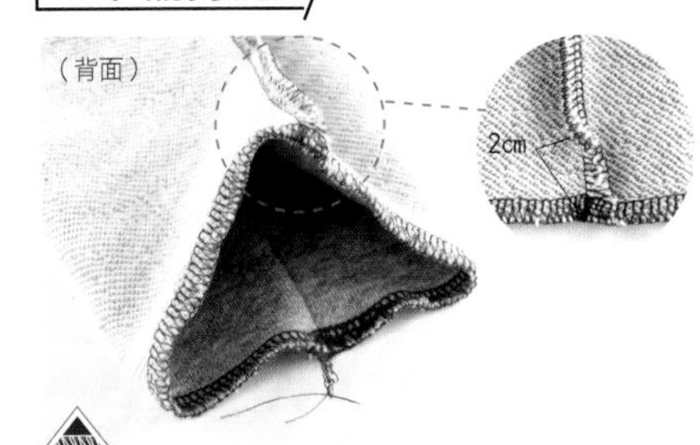


進行拷克

1 脇線和股下線縫份從下襬2cm位置扭到另一側倒下，下襬拷克。※**8.**如果選擇綳縫機車縫，則無需拷克。縫線處理參考（下方H）

## H 簡單拷克縫線處理方法

如步驟**8.**拷克處車縫時，如果擔心綻線，可以採取以下方法製作。

預留拷克線1.5cm後裁剪。

→

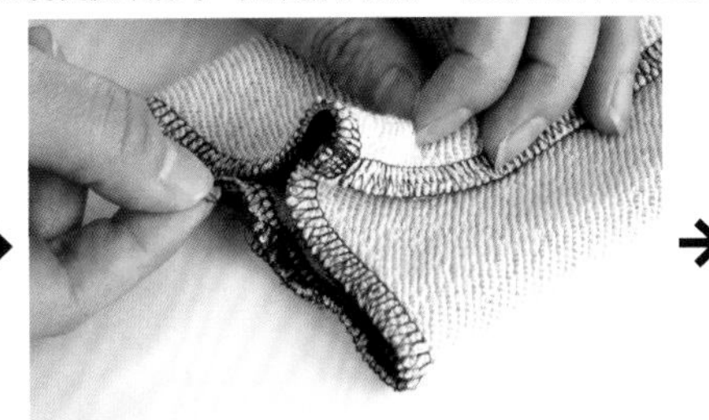

不影響布料情況下拉住拷克線。

→

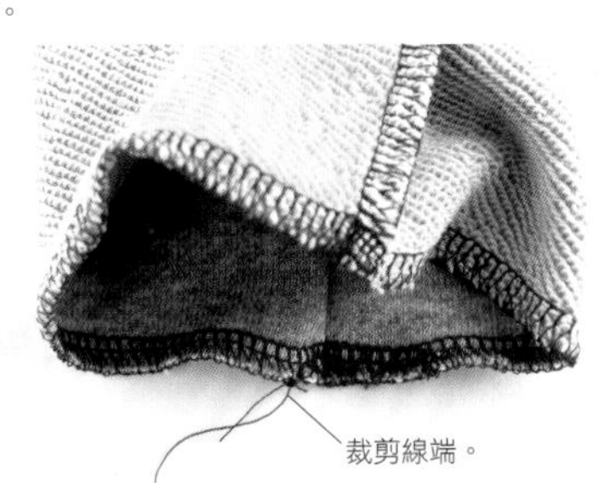


縫線交錯一起固定，裁剪多餘線端。

## 8. 摺疊下襬縫份車縫

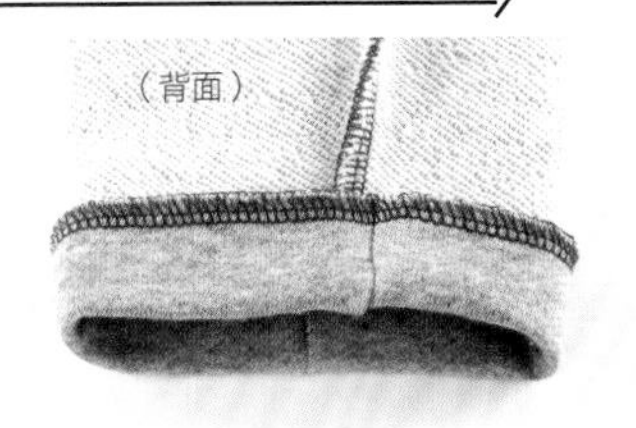


1 熨燙摺疊2cm縫份。

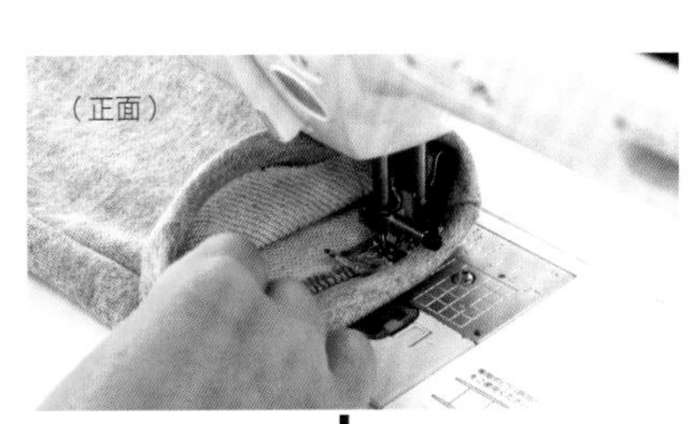


↓

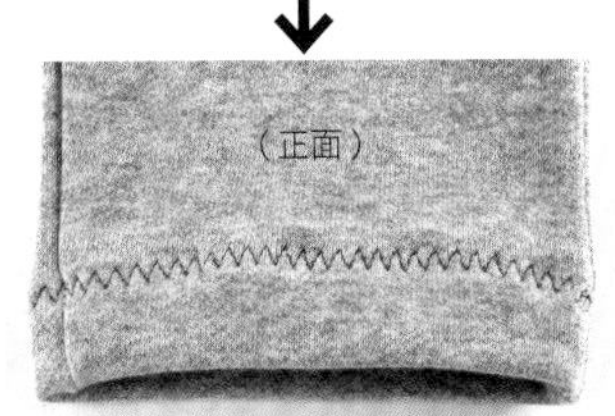


選擇縫線

2 褲子翻至正面車縫股下一圈。※縫線請選擇P.11-9. Ⅰ和Ⅲ。窄褲管在穿脫時，需要伸展，請選擇有彈性的縫線。

前

後

方便行動，穿起來舒適。

又可以修飾體形的寬褲。是最有人氣的款式。

使用針織布製作看起來更加時尚。

選擇不透明、輕盈的材質，

配合行走更加輕盈飄逸。

## 11

| 寬褲 |

搭配針織布專用內裡布，穿起來更加舒服。不論搭配T恤、針織布、襯衫等都很合適。想要穿出洗練感覺，可將上衣塞進內側、捲起袖口，更加乾淨幹練。

尺寸 | S～3L

製作方法 | P.42

使用布料

1／26支羊毛針織布（W-1000古典摩卡色）／APU HOUSE

推薦素材

推薦不透明、薄至中厚素材的針織布。如果張力太強的布，看起來會很厚重。選擇柔軟布料，隨著邁出腳步展現輕盈質感。

P41 11 寬褲

# 11 寬褲

原寸紙型D面

<table>
<tr><th rowspan="2">尺寸</th><th colspan="2">完成尺寸（cm）</th><th>布料用量</th><th>裡布用量</th><th>鬆緊帶</th></tr>
<tr><th>股下長</th><th>腰圍</th><th>寬137cm</th><th>寬124cm</th><th>寬3cm</th></tr>
<tr><td>S</td><td>52.5</td><td>100</td><td>1m90cm</td><td>1m40cm</td><td>61cm</td></tr>
<tr><td>M</td><td>54</td><td>108</td><td>1m90cm</td><td>1m40cm</td><td>66cm</td></tr>
<tr><td>L</td><td>56</td><td>115.5</td><td>2m</td><td>1m50cm</td><td>70cm</td></tr>
<tr><td>2L</td><td>57.5</td><td>123.5</td><td>2m</td><td>1m50cm</td><td>75cm</td></tr>
<tr><td>3L</td><td>59</td><td>131</td><td>2m10cm</td><td>1m50cm</td><td>79cm</td></tr>
</table>

※鬆緊帶長度可依照自己喜好作調節。

## 重點

- 下襬縫製，可以根據喜好選擇直接車縫，或以綁縫機直接拷克。下襬很寬，不用擔心穿脱時變形，可以使用無彈性縫線車縫。
- 內裡使用針織內裡布，但一般內裡布也可以使用。
- 不需要裡布的讀者們，直接省略內裡布車縫步驟即可。

＊原寸紙型無需另加縫份
● 記號中的數字代表紙型所包含的縫份，沒有指示處則為包含1cm縫份。
— 代表合印記號，剪入0.3cm牙口作記號。

## 布料裁剪方法
（M尺寸）

裡布

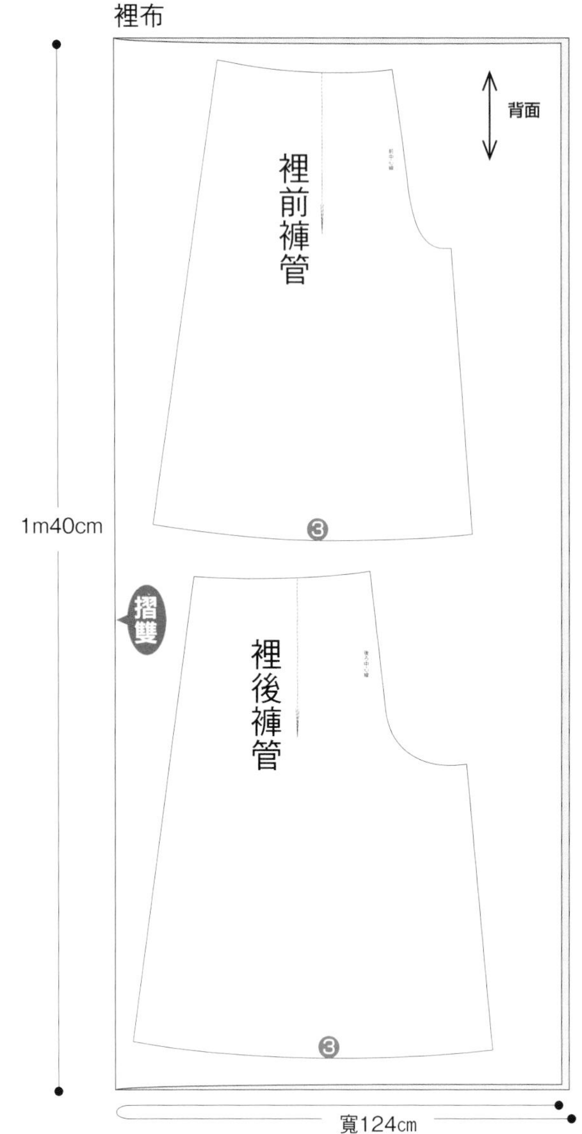


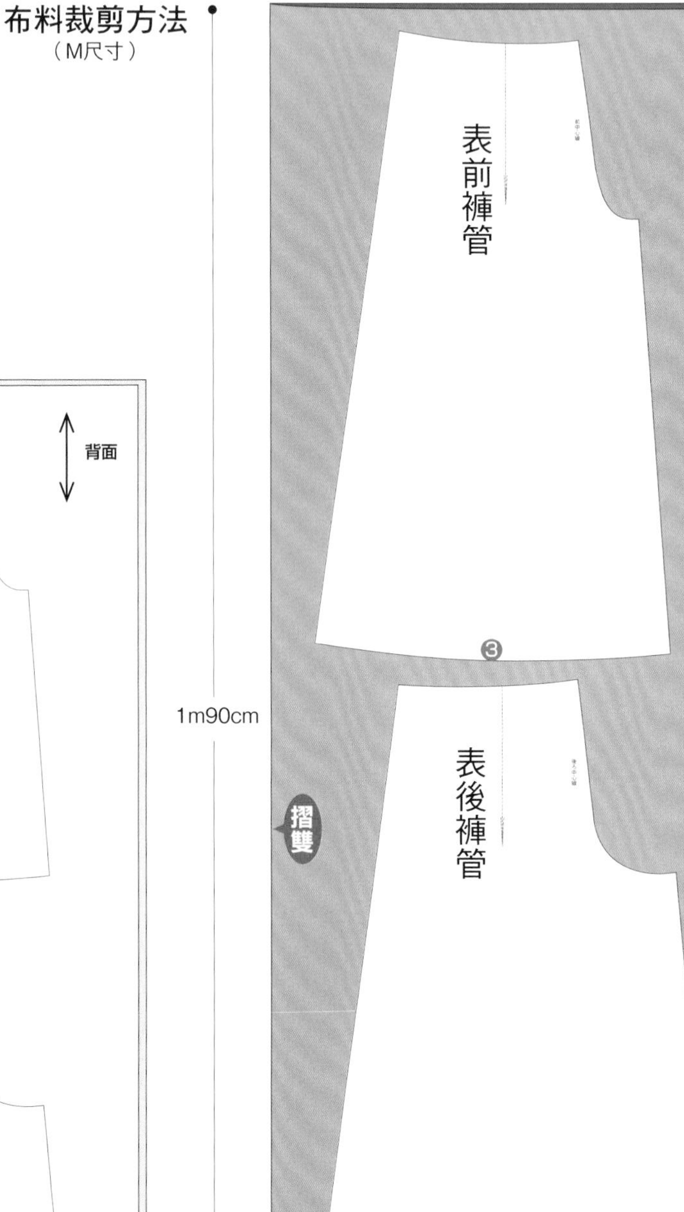

## 1. 製作表褲管

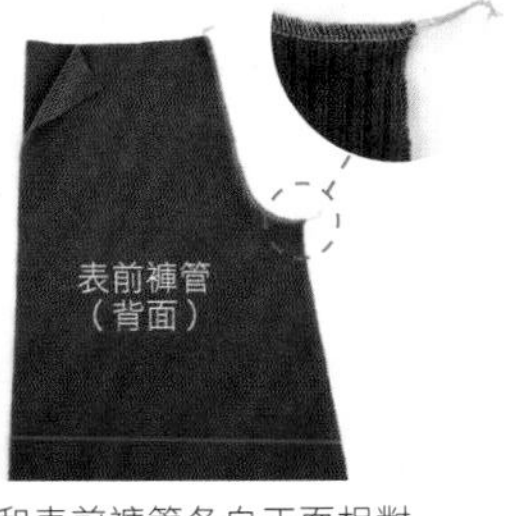


進行拷克

1 表後褲管和表前褲管各自正面相對疊合，股圍線拷克。（P.10-B、上記）

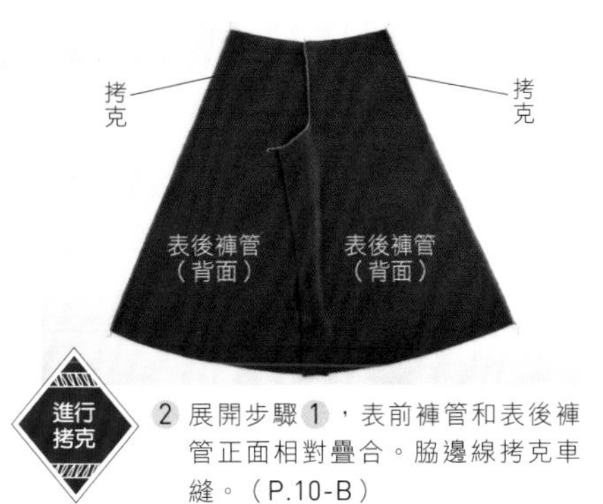


進行拷克

2 展開步驟 1，表前褲管和表後褲管正面相對疊合。脇邊線拷克車縫。（P.10-B）

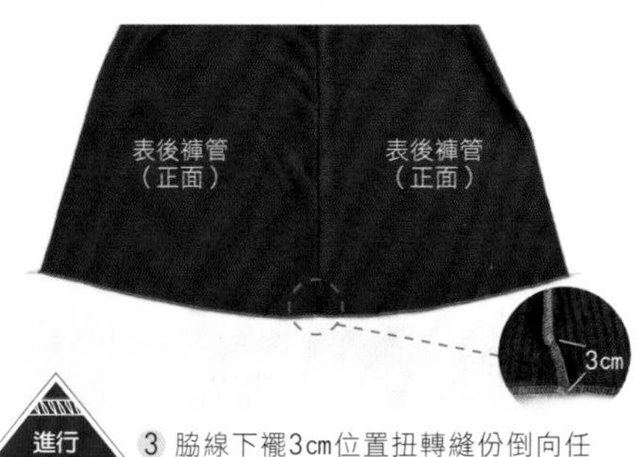


進行拷克

3 脇線下襬3cm位置扭轉縫份倒向任一側。下襬拷克。（P.9-A）

### 內弧線拷克

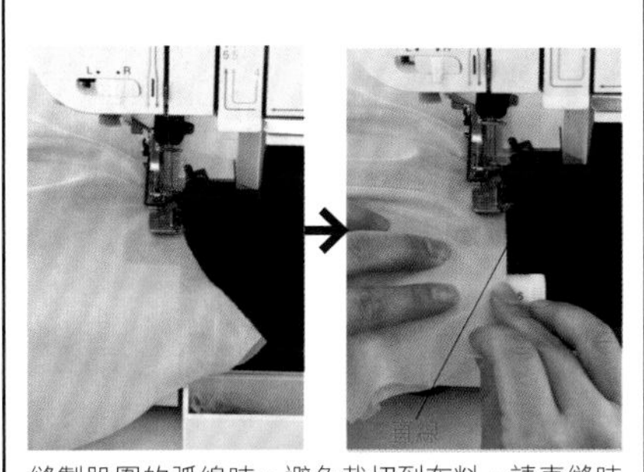

縫製股圍的弧線時，避免裁切到布料，請車縫時將布料邊緣拉成直線拷克。

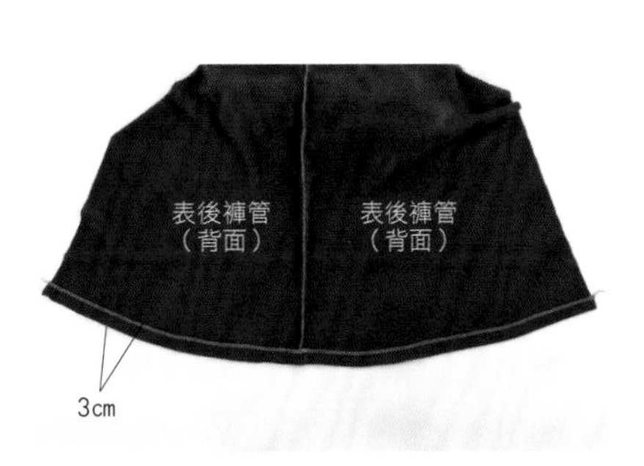


4 下襬縫份熨燙3cm摺疊。

進行拷克

5 表前褲管和表後褲管正面相對疊合。股圍線縫份各自倒向另一側。從下襬拷克至股下線並繼續拷克至下襬。

## 2. 製作裡褲管

裡布易收縮請調節差動比。（P.2-3）

進行拷克

1 裡後褲管和裡前褲管各自正面相對疊合，股圍線拷克。（P.10-B、上記）

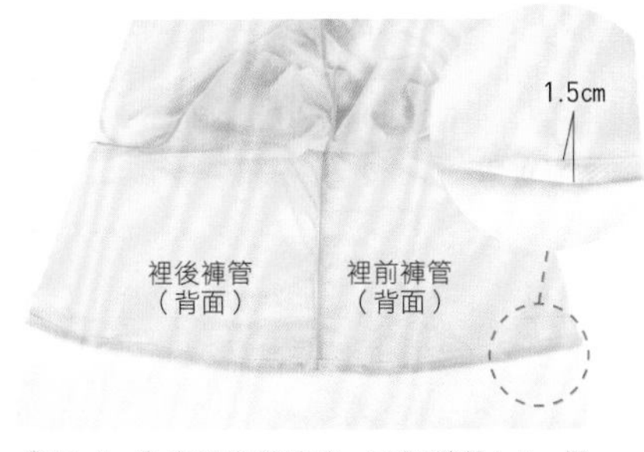


2 同 1.- 2 步驟車縫脇線，下襬縫份1.5cm摺疊熨燙，再摺疊1.5cm。（三摺邊）

進行拷克

3 同1.- 5 步驟車縫股下線。

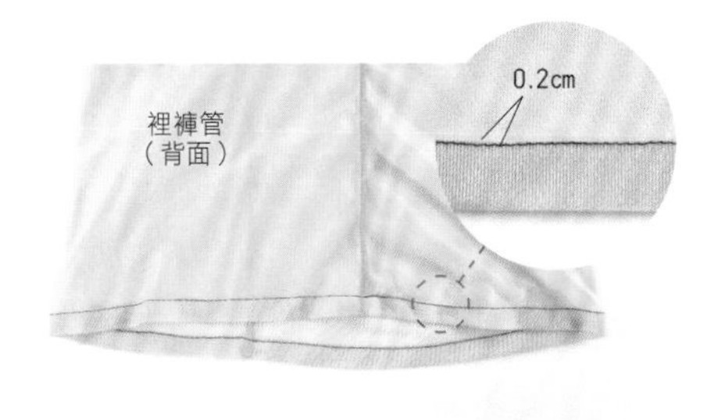

直線車縫

4 下襬直線車縫。※縫線請選擇P.11-9.Ⅲ和Ⅳ（以下同）

## 3. 製作腰帶

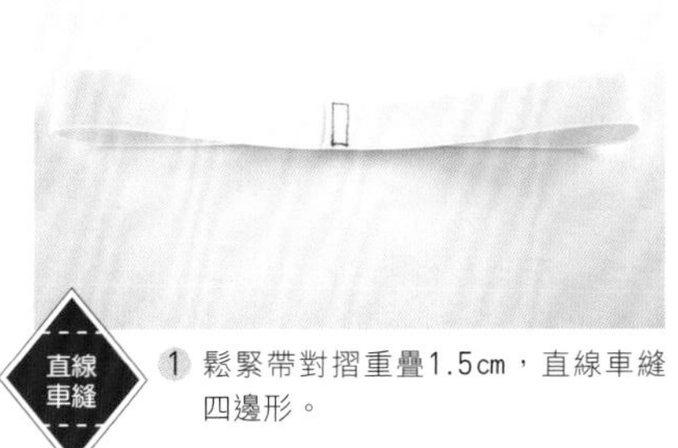

直線車縫

1 鬆緊帶對摺重疊1.5cm，直線車縫四邊形。

直線車縫

2 腰帶正面相對疊合直線車縫。

3 燙開縫份。

4 對摺。

5 腰帶包夾鬆緊帶以強力夾固定。

## 4. 固定表褲管和腰帶

表前褲管重疊腰帶，固定住脇邊和前後中心。

## 5. 於步驟 4 固定裡褲管

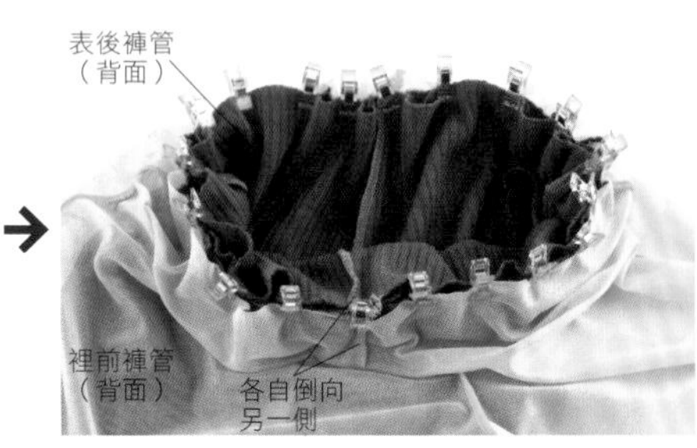


表前褲管套上單隻裡褲管。重疊脇邊和前後中心固定。縫份各自倒向另一側，並且均勻固定。鬆緊帶較短雖不容易固定，只要表裡褲管和腰帶長度一致，配合長度調節固定。

## 6. 車縫腰帶

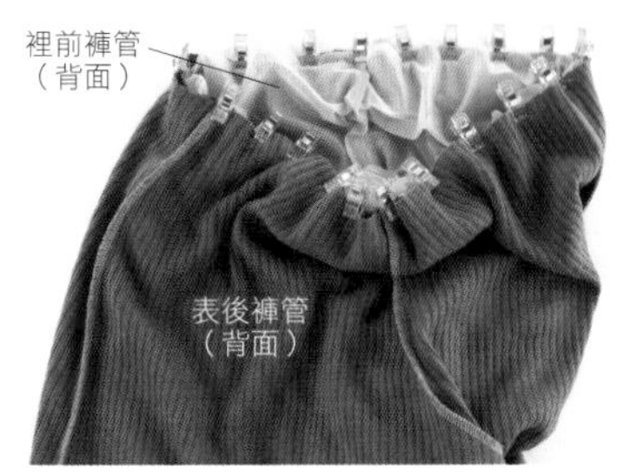


1 手放入表褲管單腳再拉出。

2 抬高壓布腳裡褲管朝上包夾。從左脇開始拷克一圈。預留10㎝左右拷克線，處理縫線。（P.11-EF）

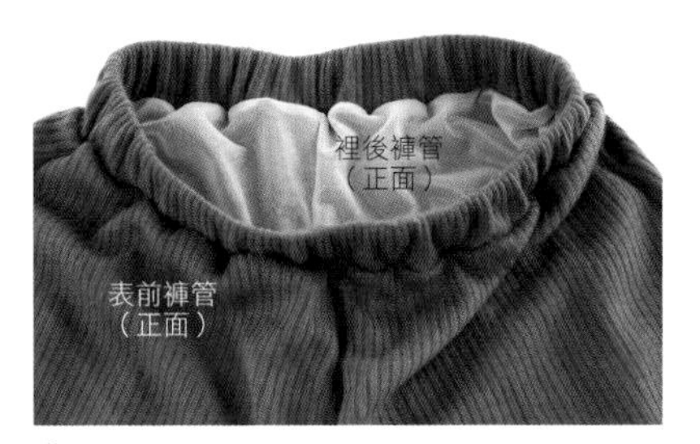


3 褲子翻至正面。

## 7. 下襬手縫

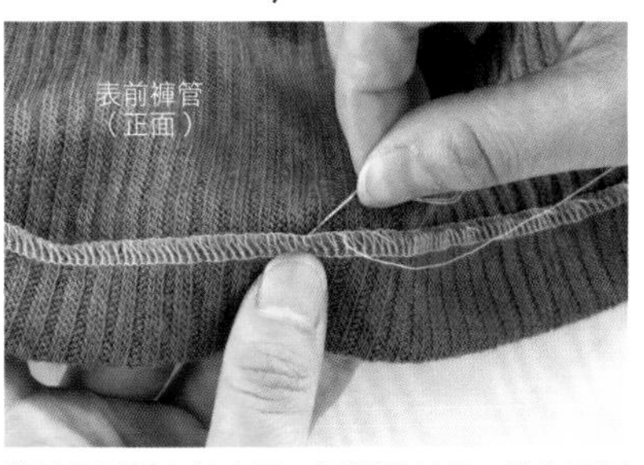


縫線不可露出於表面，下襬藏針縫。縫線可以使用手縫線或是拷克線。

**完成**

column

# 製作男性款式

像是連帽衫、休閒褲、T恤等，中性風設計款式，也很適合男性。
參考P.1尺寸表的男性尺寸表，確認之後再試著製作看看。

男性們對帽T款式也有各種不同喜好，
喜歡穿起來正式一點或穿起來休閒一點。
依照自己理想的造型來製作看看。

夏天必備款式＝T恤＋短褲。
如果選擇太薄的布料，看起來會很像家居褲，
請採用棉質密度密的素材。

Part 6

# Tight Skirt

## 直筒裙

充分展現女性魅力的直筒裙款式。

最近長度蓋過膝蓋，

大約在小腿度的長度很有人氣。

方便活動的針織素材和高雅質感，

是一般布料無法作出的迷人魅力。

## 12

| 直筒裙 |

三片拼接的直筒裙，使用張力十足起毛素材製作。利用縫線製作的開叉，不但突顯女性魅力，也方便行動。鬆緊帶設計腰圍穿起來很舒適。

尺寸 | S～3L

製作方法 | P.48

使用布料

壓克力、嫘縈起毛加工布（43863-9深藍色）／布地のお店Solpano

推薦素材

非常具有保暖效果的起毛加工布，適合秋冬搭配。夏天則使用輕薄彈性布或平紋布。另外針織布比較可以展現美麗的線條。

# 12 直筒裙

原寸紙型C面

| 尺寸 | 完成尺寸（cm） | | 布料用量 | 鬆緊帶 |
|---|---|---|---|---|
| | 裙長 | 腰圍 | 寬143cm | 寬4cm |
| S | 73.5 | 85.5 | 90cm | 61cm |
| M | 76 | 92 | 90cm | 66cm |
| L | 78.5 | 98.5 | 1m | 70cm |
| 2L | 81 | 105 | 1m | 75cm |
| 3L | 83 | 112 | 1m | 79cm |

## 布料裁剪方法

（M尺寸）

＊原寸紙型無需另加縫份

●記號中的數字代表紙型所包含的縫份，沒有指示處則為包含1cm縫份。

後裙片 右前裙片 左前裙片 正面 摺雙 90cm 寬143cm ④ ③ ⓪

## 1. 製作前裙片開叉

圖片使用的布料
壓克力、嫘縈起毛加工布（43863-7花灰色）／布地のお店Solpano

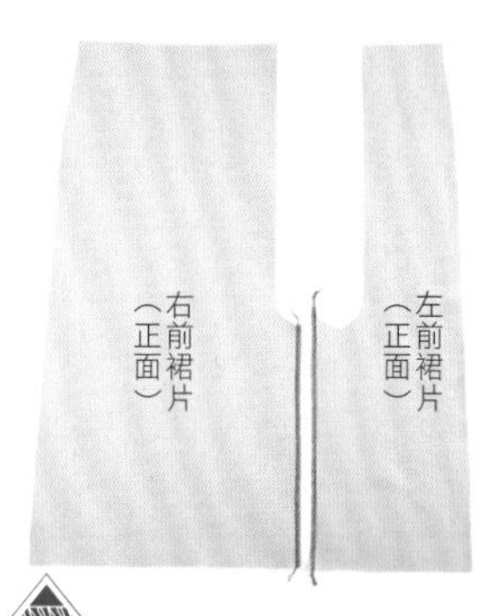


進行拷克

1 開叉布端正面朝上拷克。（P.9-A）

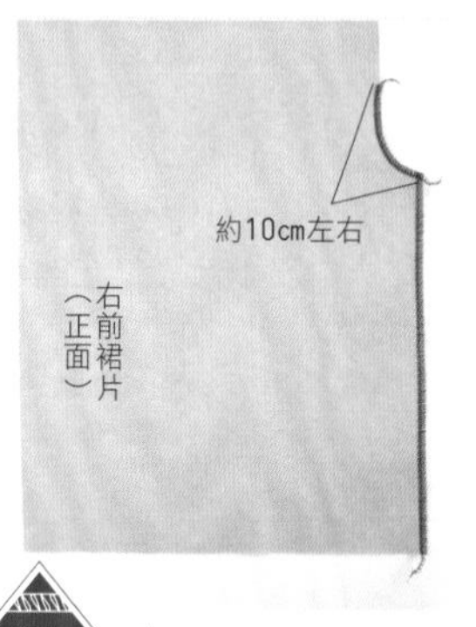


進行拷克

2 右前裙片弧度部分10cm左右拷克。（P.9-A）

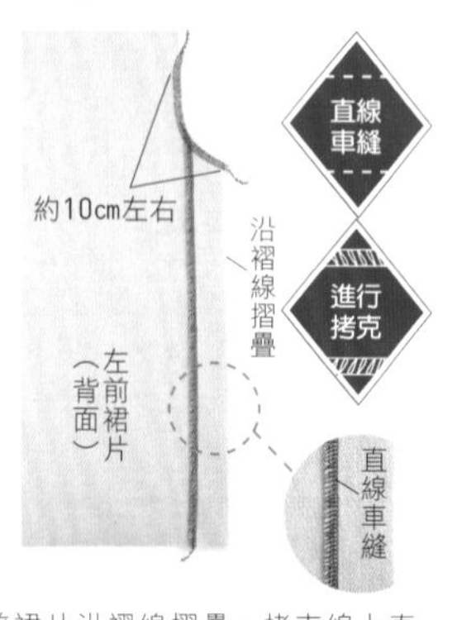


3 左前裙片沿褶線摺疊，拷克線上直線車縫。弧度約10cm左右拷克。※縫線請選擇P.11-9.Ⅲ和Ⅳ（同以下）

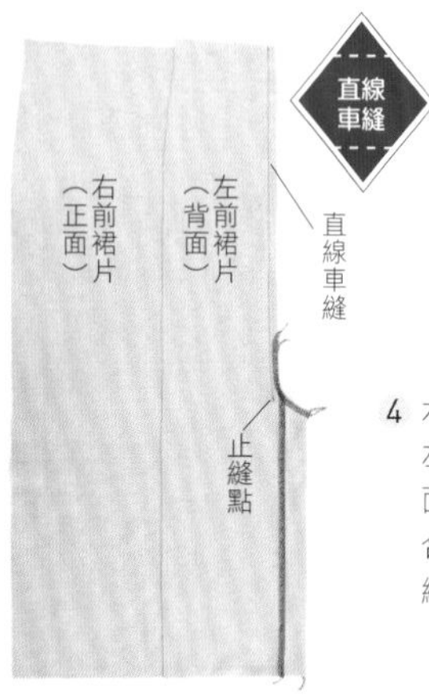


4 右前裙片和左前裙片正面相對疊合，直線車縫。

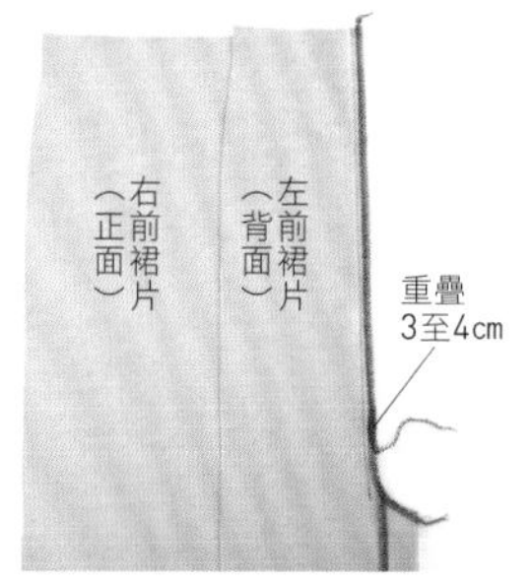


進行拷克

5 重疊2片縫份邊端拷克，依照圖片所示如步驟2、3重疊3至4cm拷克後，預留10cm左右拷克線裁剪。處理縫線（P.11-F）

直線車縫

6 縫份倒向右前側。避開左前裙片，從右前裙片止縫點到下襬為止直線車縫。

從正面看時

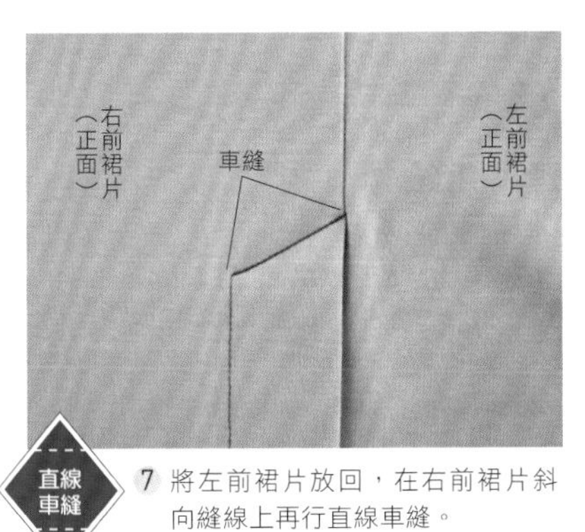


直線車縫

7 將左前裙片放回，在右前裙片斜向縫線上再行直線車縫。

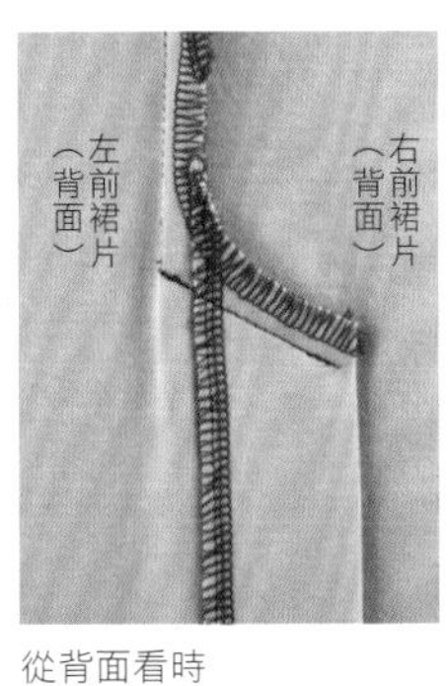


從背面看時

## 2. 車縫脇邊

前後裙片正面相對疊合，脇邊一邊拷克一邊裁剪邊端縫份0.3㎝。（P.10-B）

## 3. 腰圍車縫鬆緊帶

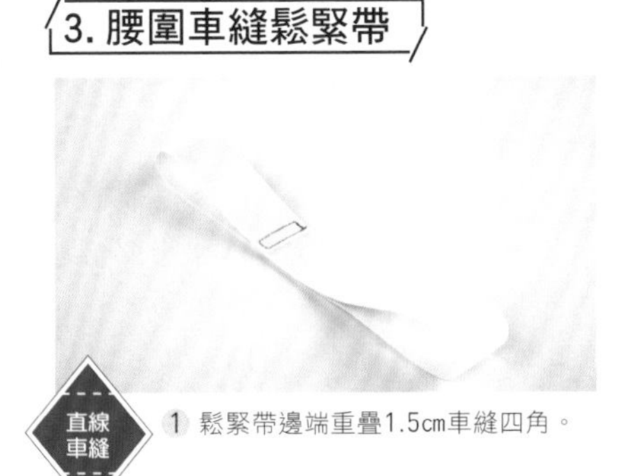

直線車縫

1 鬆緊帶邊端重疊1.5㎝車縫四角。

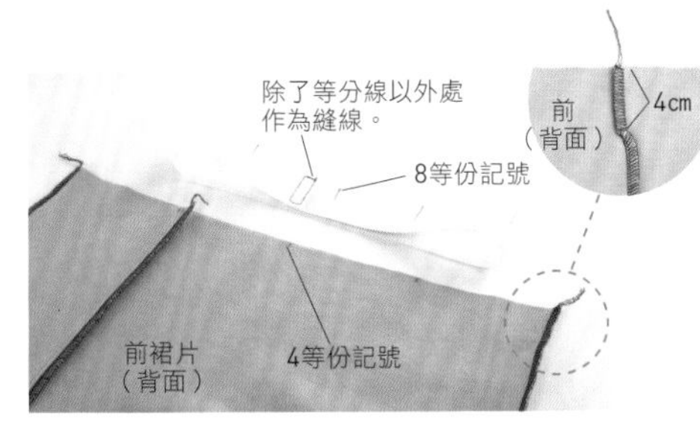


2 前後裙片各自作上4等份合印記號。鬆緊帶作上8等份記號，從裙片上側往下4㎝處扭轉縫線熨燙固定。

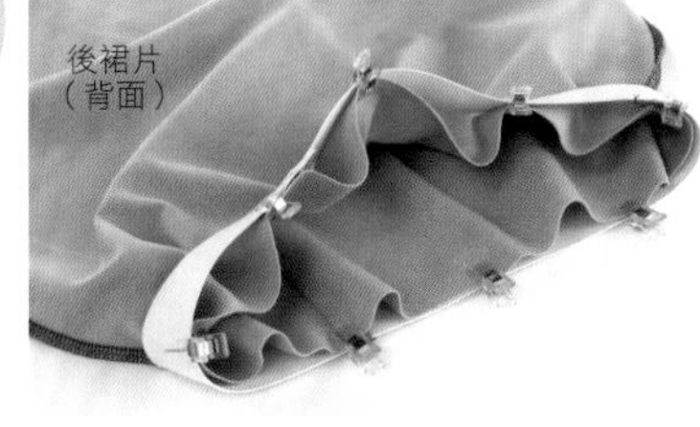


3 裙片背面重疊鬆緊帶。強力夾固定合印記號處。

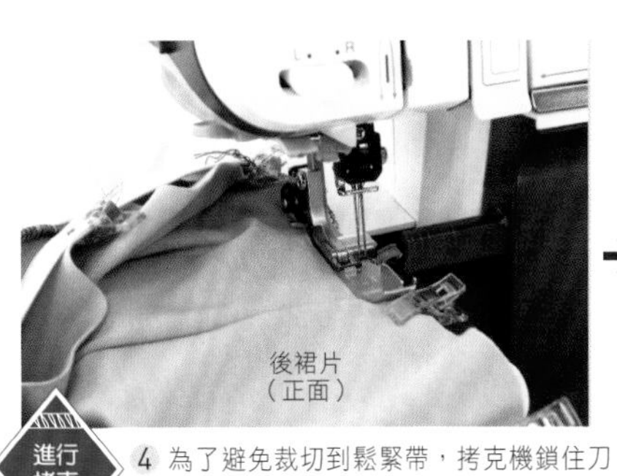


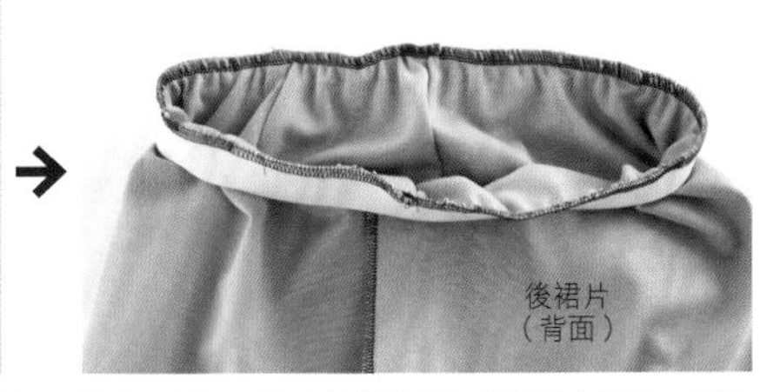


進行拷克

4 為了避免裁切到鬆緊帶，拷克機鎖住刀口（P.2・3），將壓布腳抬起包夾腰圍左脇邊。因為鬆緊帶長度較短，車縫時必須拉長鬆緊帶符合裙腰圍長度。每5㎝一段落慢慢車縫。始縫點和終點重疊2至3㎝後，預留10㎝左右拷克線裁剪。處理縫線（P.11-F）。

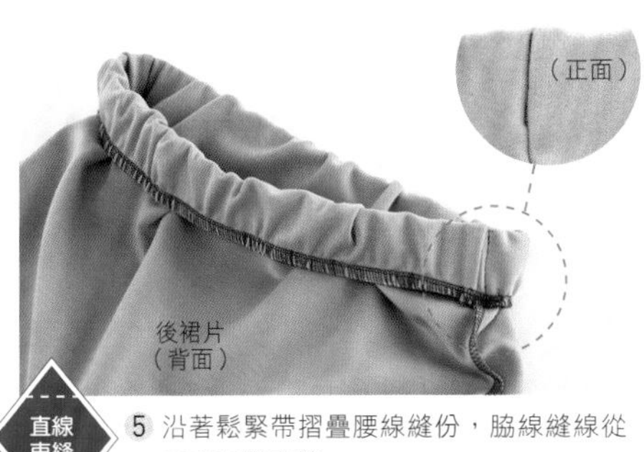


直線車縫

5 沿著鬆緊帶摺疊腰線縫份，脇線縫線從正面直線車縫。

## 4. 車縫下襬

2 下襬拷克。（P9-A）※若使用繃縫機，無需事先拷克。

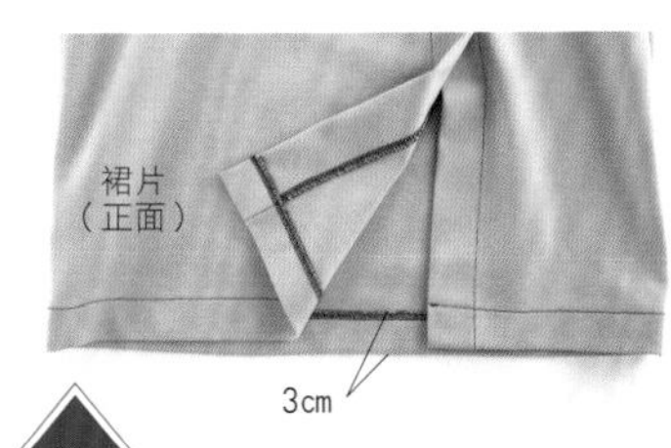

2 縫份摺疊3㎝，拷克線上車縫。※縫線請選擇P.11-9.Ⅰ、Ⅲ、Ⅳ。

### 使用繃縫機時

下襬縫份無需事先拷克，摺疊縫份直接拷克，處理縫線即可。（P.11-F）

裙片
（背面）

### 完成

前

後

# Part 7 flared skirt 圓裙

推薦給彈性布初學者的第一款，

就是這款四片拼接圓裙，

可學習到如何拷克拼接布片的方法。

也許有人擔心太過甜美，

但只要選擇沉穩的素材和顏色就沒問題了。

這絕對是成熟女性所必備的款式。

## 13

| 過膝圓裙 |

略顯孩子氣的過膝圓裙，只要選擇沉穩的墨綠色布料，看起來就很高雅。下襬以綳縫機車縫更顯專業。鬆緊帶的腰圍，穿起來很舒適。

尺寸 | 110～3L

製作方法 | P.53

使用布料

化纖、嫘縈起毛加工布（19-19-1＃287墨綠色）／大塚屋

推薦素材

比較適合中厚程度的素材。請選擇提花布、平紋布等不會透明的素材。

## 14

| 長版圓裙 |

將第13款改為長版裙款。飄逸的裙擺不只優雅，還可以修飾體型。高腰款式可以將衣服塞進裙內，更顯修長。

尺寸 | 110～3L

製作方法 | P.53

使用布料

10／3粗呢平紋針織布（t-921米色）／APU HOUSE

推薦素材

平紋彈性布等，下襬採直接裁剪，布端自然捲起。展現休閒風。

# 13・14 圓裙製作方法

原寸紙型D面

原寸紙型D面

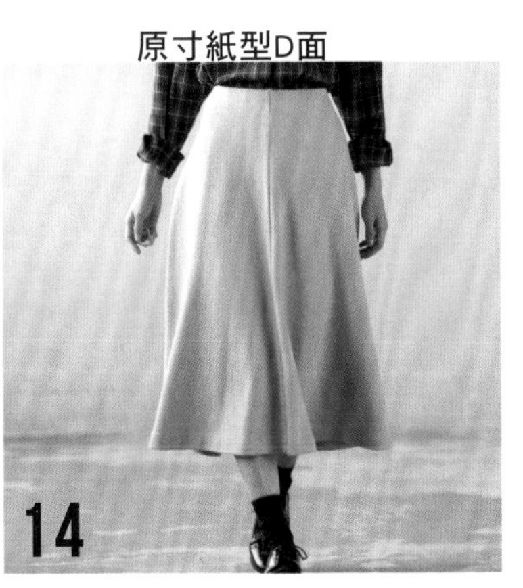


| 尺寸 | 完成尺寸（cm） | | 布料用量 | 鬆緊帶 |
|---|---|---|---|---|
| | 裙長 | 腰圍 | 寬145cm | 寬3cm |
| 110 | 41 | 73 | 1m10cm | 52cm |
| 120 | 45 | 78 | 1m20cm | 54cm |
| 130 | 48.5 | 83 | 1m20cm | 56cm |
| 140 | 52.5 | 88.5 | 1m30cm | 58cm |
| 150 | 56 | 93.5 | 1m40cm | 60cm |
| S | 58 | 98.5 | 1m40cm | 61cm |
| M | 60 | 106 | 1m50cm | 66cm |
| L | 62 | 113.5 | 1m50cm | 70cm |
| 2L | 64 | 121 | 1m50cm | 75cm |
| 3L | 66 | 128.5 | 1m60cm | 79cm |

| 尺寸 | 完成尺寸（cm） | | 布料用量 | 鬆緊帶 |
|---|---|---|---|---|
| | 裙長 | 腰圍 | 寬140cm | 寬3cm |
| 110 | 51.5 | 73 | 1m30cm | 52cm |
| 120 | 56 | 78 | 1m40cm | 54cm |
| 130 | 61 | 83 | 1m50cm | 56cm |
| 140 | 64.5 | 88.5 | 1m60cm | 58cm |
| 150 | 70 | 93.5 | 1m70cm | 60cm |
| S | 72.5 | 98.5 | 1m70cm | 61cm |
| M | 75 | 106 | 1m80cm | 66cm |
| L | 77.5 | 113.5 | 1m80cm | 70cm |
| 2L | 80 | 121 | 1m80cm | 75cm |
| 3L | 82.5 | 128.5 | 2m20cm | 79cm |

## 布料裁剪方法（M尺寸）

●記號中的數字代表紙型所包含的縫份，沒有指示處則為包含1cm縫份。

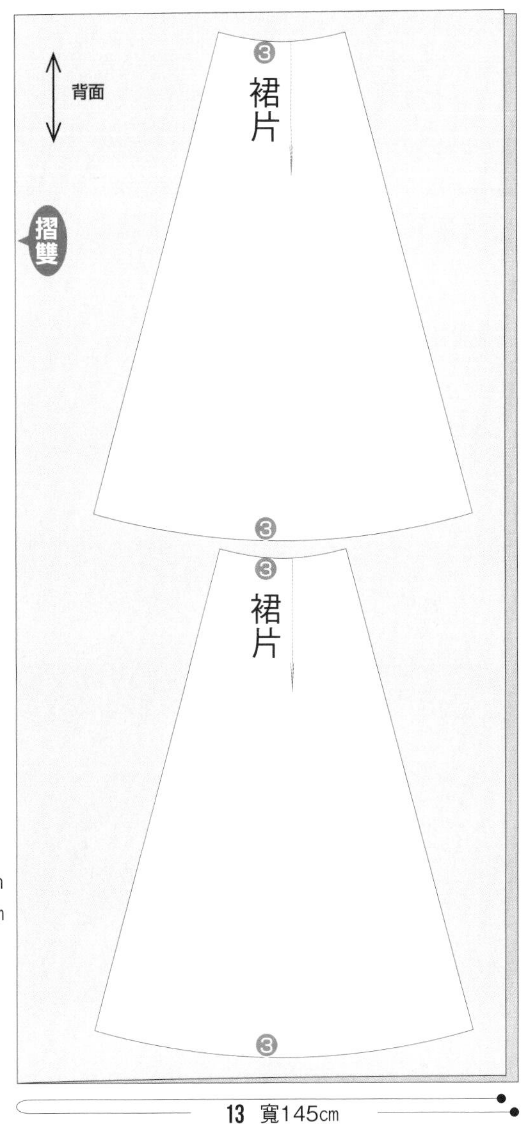


## 1. 接縫 4 片裙片

圖片使用的布料
針織布（DT-619咖啡色）／APUHOUSE

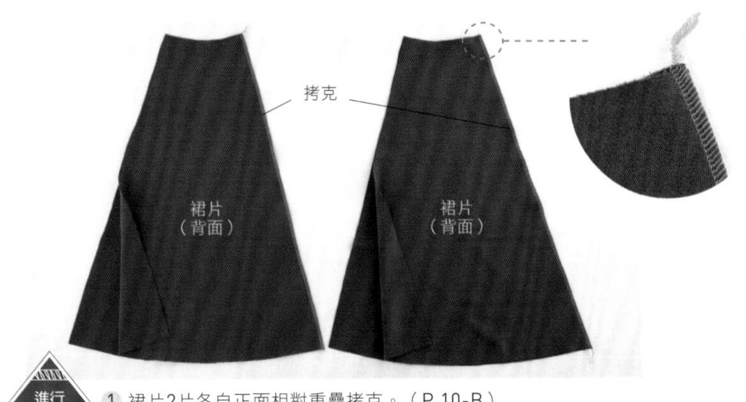


1 裙片2片各自正面相對重疊拷克。（P.10-B）

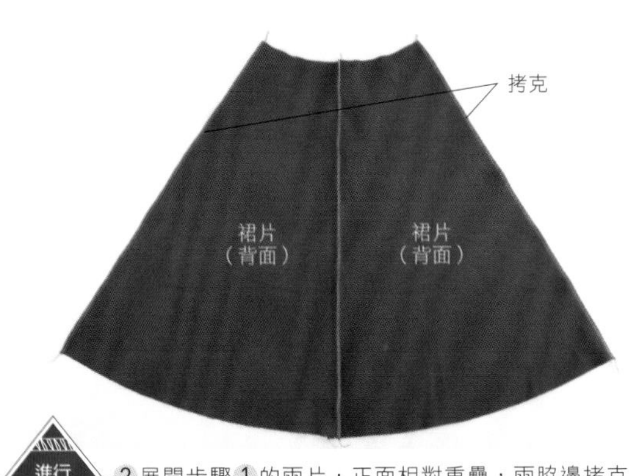


2 展開步驟 1 的兩片，正面相對重疊，兩脇邊拷克。（P.10-B）

## 2. 車縫下襬

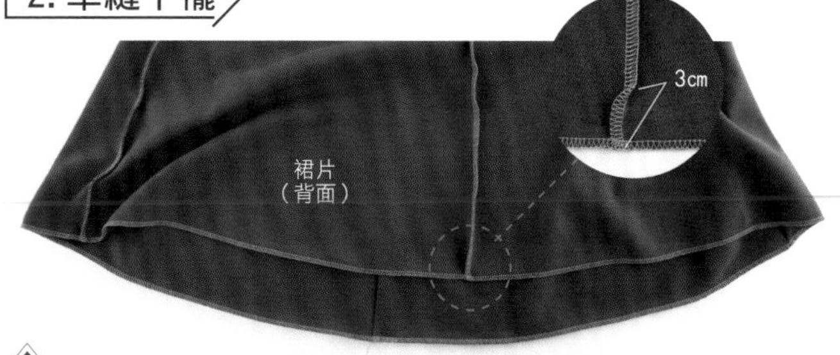


進行拷克

1 下襬往上3cm左有縫份扭轉如圖倒下。正面朝上，下襬輕輕拉縮一圈拷克。（P.9-A）處理縫線（P.39-H）。※若使用繃縫機，則無需事先拷克。

### J 拷克收縮調節下襬縫線

未收縮調節縫線

收縮調節後的縫線

摺疊圓裙下襬縫份時會有多餘縫份。善用拷克的差動比調節布料的伸縮，方便下襬的車縫。

## 3. 腰圍車縫鬆緊帶

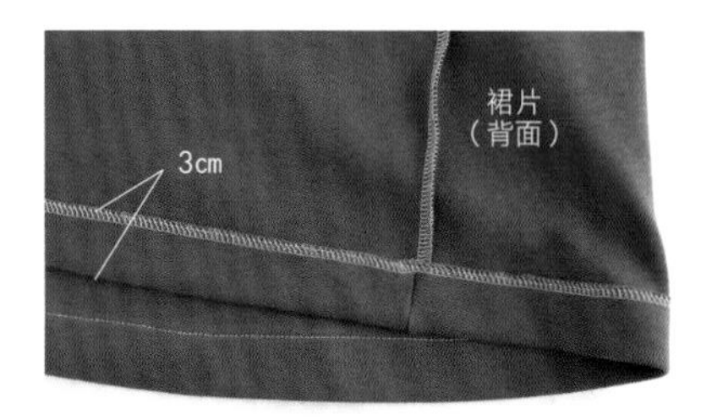

2 縫份摺疊3cm，拷克線上車縫。※縫線請選擇P.11-9. Ⅰ至Ⅳ。

直線車縫

1 鬆緊帶邊端重疊1.5cm車縫四角。※縫線請選擇P.11-9. Ⅲ和Ⅳ（以下同）

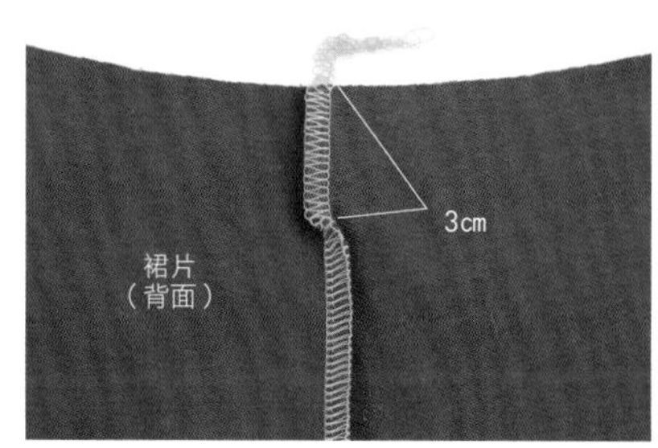


2 縫線上側開始3cm左右位置捻轉縫。

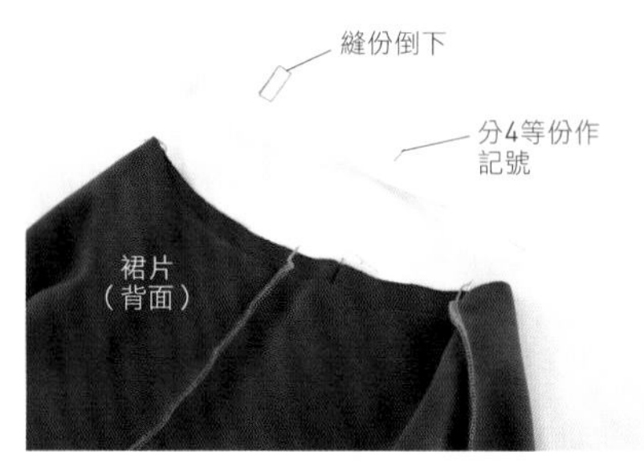


3 除了等分線以外處作為縫線。

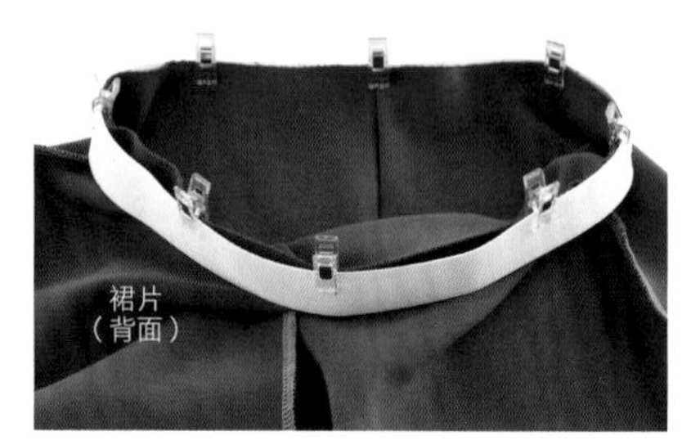


4 裙片背面重疊鬆緊帶。強力夾固定合印記號處。縫線和縫線之間也固定。

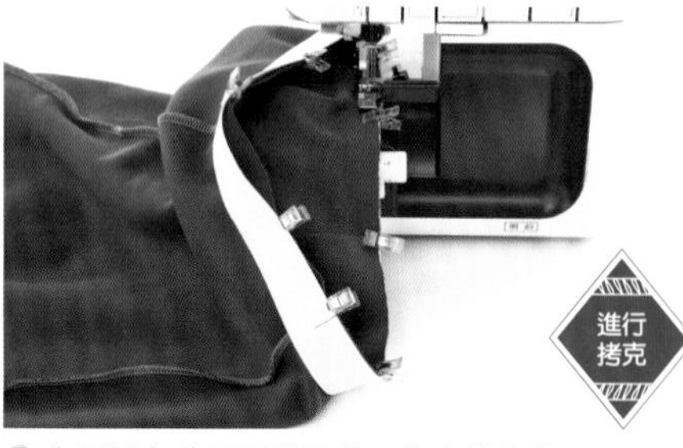


5 為了避免裁切到鬆緊帶，拷克機鎖住刀口（P.2・3），將壓布腳抬起包夾腰圍左脇邊。因為鬆緊帶長度較短，必須拉長鬆緊帶符合裙腰圍長度車縫。每5cm一段落慢慢車縫。

6 車縫一圈，始縫點重疊2至3cm，預留10cm縫線後裁剪。處理縫線即可。（P.11-F）

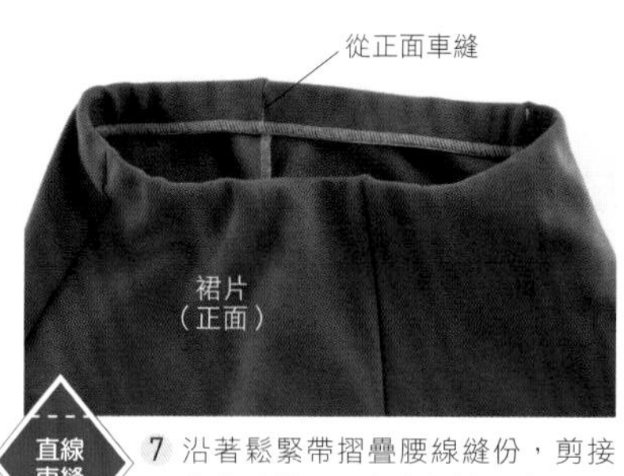


直線車縫

7 沿著鬆緊帶摺疊腰線縫份，剪接線縫線從正面直線車縫。（4處）

完成

column

# 製作兒童款式

這本書也刊載110至150尺寸的紙型。
T恤、褲子、帽T等。配合季節的穿著。

彈性布素材穿著舒適，非常適合兒童。
另外也很適合製作親子裝。

短袖T恤、或是可愛包袖更添加俏皮感。

開始製作針織開襟外套，

會發現更寬廣的縫紉世界。

也許連一般布料都沒有作過的人，

會對此款感到有點害怕。

尤其前襟和領圍的羅紋拼接好像很難，

但採用拷克車縫其實很簡單。

## 15

| 短版開襟外套 |

落肩袖設計給人舒適氛圍的開襟外套，因應多層次穿搭造型，因此尺寸較寬鬆。袖口和下襬、領子使用提花羅紋布，背面會展現不同效果。

尺寸 | S～3L

製作方法 | P.60

使用布料

提花羅紋布／岩瀨商店

推薦素材

展現羅紋布本身提花的設計。除了直接利用兩面提花背面縫製外，下襬和袖口也可以選擇同色羅紋布製作。

## 16

| 長版開襟外套 |

將第**15**款前襟羅紋寬度變窄，成為長版開襟外套。披著就很好看。也可以修飾腰圍線條。成熟風味的亞麻材質，當作外套也很百搭。

尺寸 | S～3L

製作方法 | P.59

使用布料
平紋布（黑色）

推薦素材
亞麻針織布或平紋布，選擇較輕薄垂墜感布料。如果較冷時，搭配黑白系列製作外套也很適合。

原寸紙型D面

| 尺寸 | 完成尺寸（cm） | | | 布料用量 | 尺寸變更 |
|---|---|---|---|---|---|
| | 身長 | 胸圍 | 袖長 | 寬135cm | ◆ |
| S | 91.5 | 106 | 77 | 1m80cm | 34 |
| M | 94 | 114 | 80.5 | 1m90cm | 35 |
| L | 97 | 122 | 84 | 1m90cm | 36 |
| 2L | 99.5 | 130 | 87.5 | 2m40cm | 37 |
| 3L | 102 | 138.5 | 91 | 2m50cm | 38 |

各尺寸共用材料
・止伸襯布條0.9cm 寬40cm

## 重點

・領子不縫釦子，無需黏著襯。

＊原寸紙型無需另加縫份
紙型包含縫份，沒有指示處包含1cm縫份
━ 代表合印記號剪0.3cm牙口作記

## 布料裁剪方法
（M尺寸）

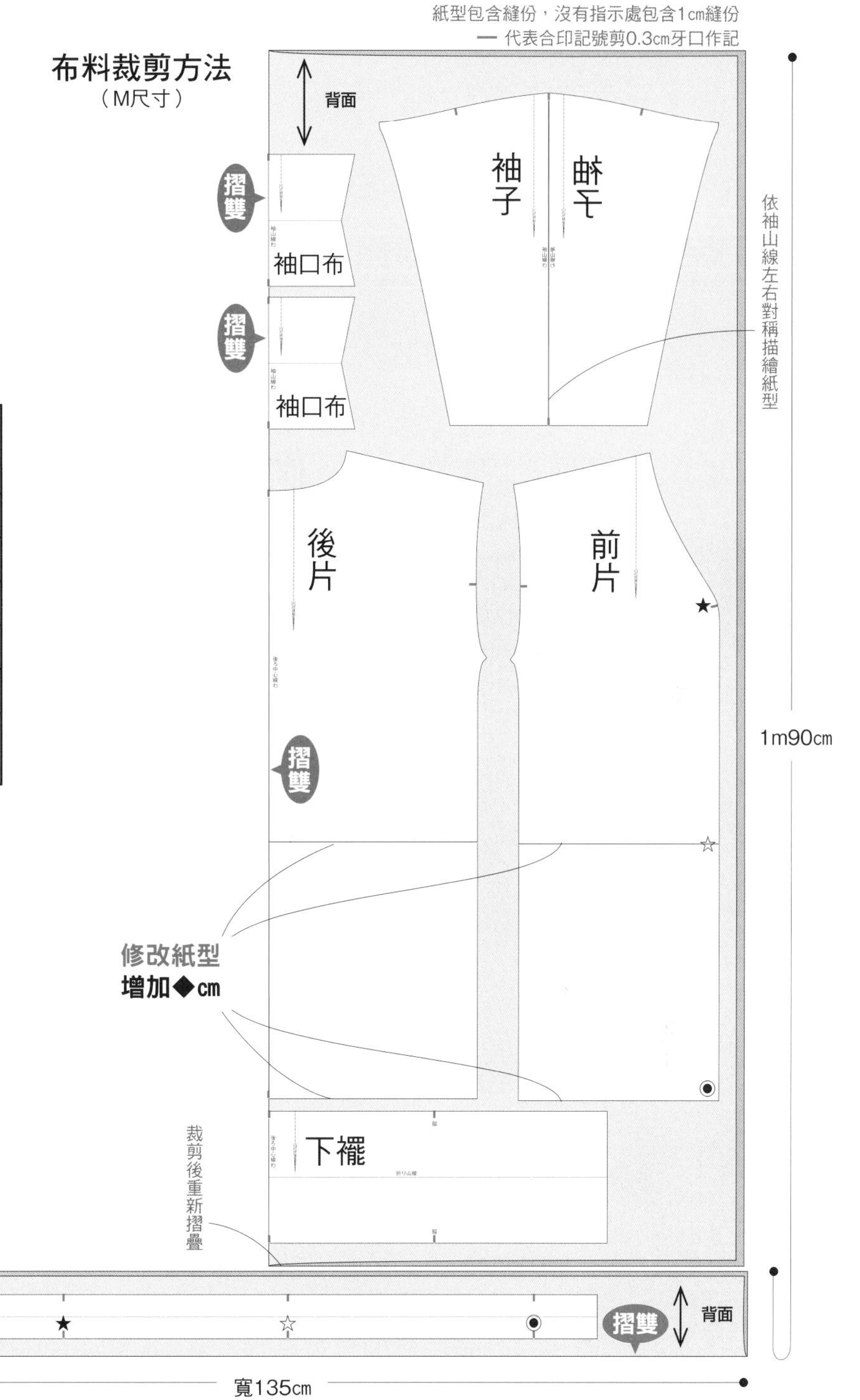


## 製作順序

1. 修改紙型裁剪布料（裁布方法）。
2. 製作領子（P.60-1不貼黏著襯）。
3. 貼上止伸襯布條（P.61-2）。
4. 車縫肩線（P.61-3）。
5. 身片接縫袖子（P.61-4）。
6. 袖下和脇邊車縫（P.61-5）。
7. 製作袖口布。
8. 袖口接縫袖子（P.61-7）。
9. 下襬接縫身片（P.62-8）。
10. 領子接縫身片（P.62-9）。

P.57 **15** 短版開襟外套

原寸紙型D面

<table>
<tr><th rowspan="2">尺寸</th><th colspan="3">完成尺寸（cm）</th><th>布料用量</th></tr>
<tr><th>身長</th><th>胸圍</th><th>袖長</th><th>寬150cm</th></tr>
<tr><td>S</td><td>57.5</td><td>106</td><td>77</td><td>1m40cm</td></tr>
<tr><td>M</td><td>59</td><td>114</td><td>80.5</td><td>1m50cm</td></tr>
<tr><td>L</td><td>61</td><td>122</td><td>84</td><td>1m60cm</td></tr>
<tr><td>2L</td><td>62.5</td><td>130</td><td>87.5</td><td>1m70cm</td></tr>
<tr><td>3L</td><td>64</td><td>138.5</td><td>91</td><td>1m70cm</td></tr>
<tr><td colspan="5">各尺寸共用材料<br>・黏著襯0.9cm 寬30cm<br>・止伸襯布條0.9cm 寬50cm<br>・直徑2.5cm 釦子5顆</td></tr>
</table>

## 重點

・袖口布・下襬・領子使用布料背面

＊原寸紙型無需另加縫份
紙型包含縫份，沒有指示處包含1cm縫份
— 代表合印記號剪0.3cm牙口作記

布料裁剪方法
（M尺寸）

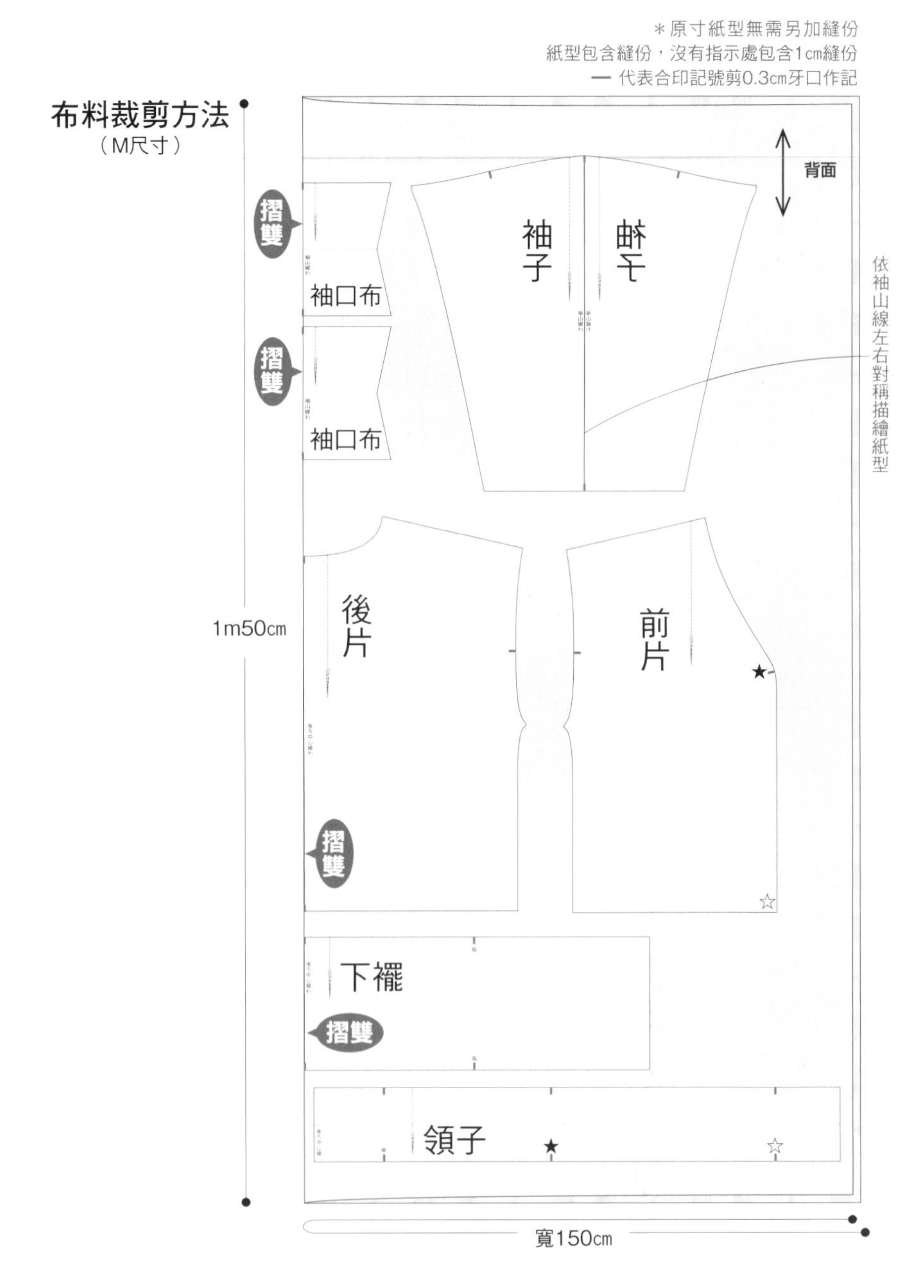


## 1. 製作領子

圖片使用的布料
針織平紋布（灰色）／sewing supporter Rick Rack

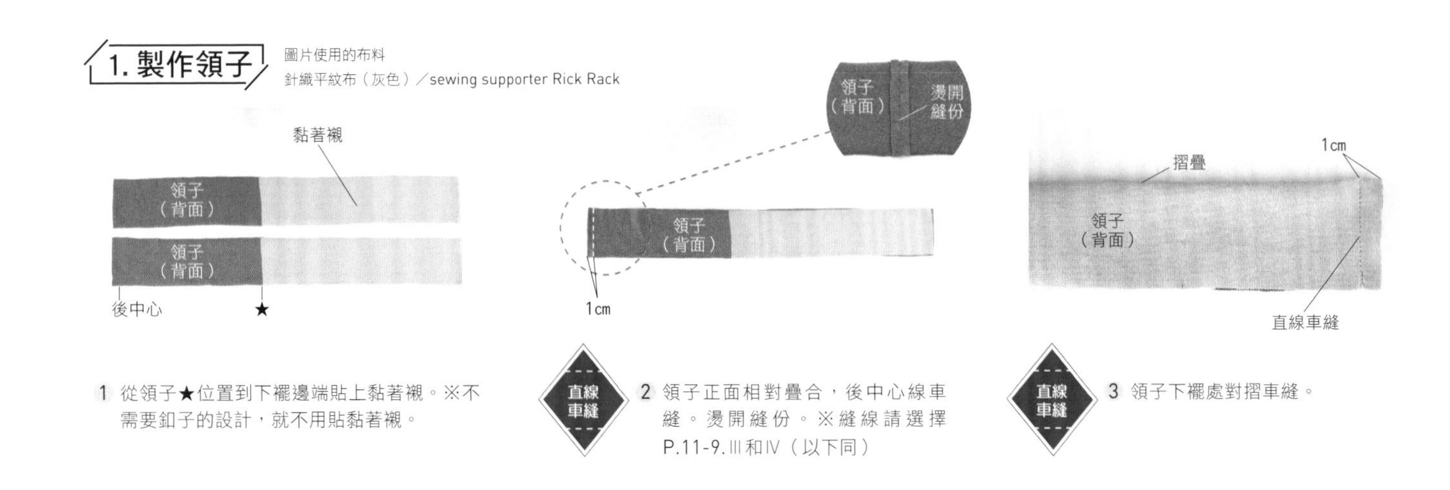


1 從領子★位置到下襬邊端貼上黏著襯。※不需要釦子的設計，就不用貼黏著襯。

2 領子正面相對疊合，後中心線車縫。燙開縫份。※縫線請選擇P.11-9.Ⅲ和Ⅳ（以下同）

3 領子下襬處對摺車縫。

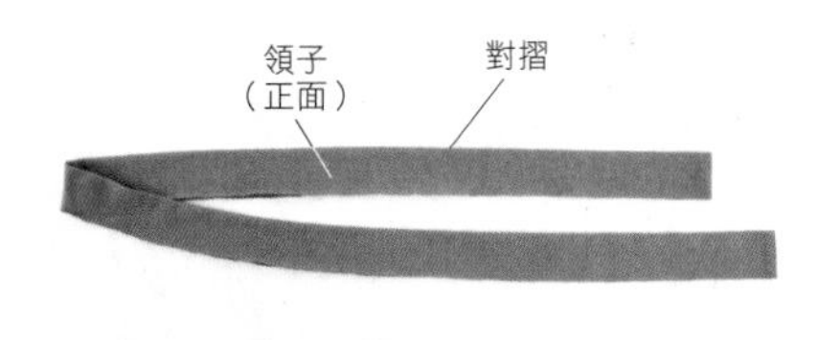


④ 領子翻至正面對摺熨燙整理。

## 2. 貼上止伸襯布條

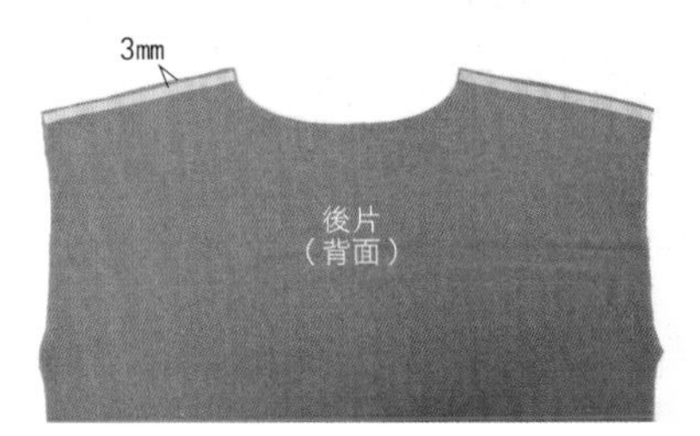


後肩線貼上止伸襯布條。

## 3. 車縫肩線

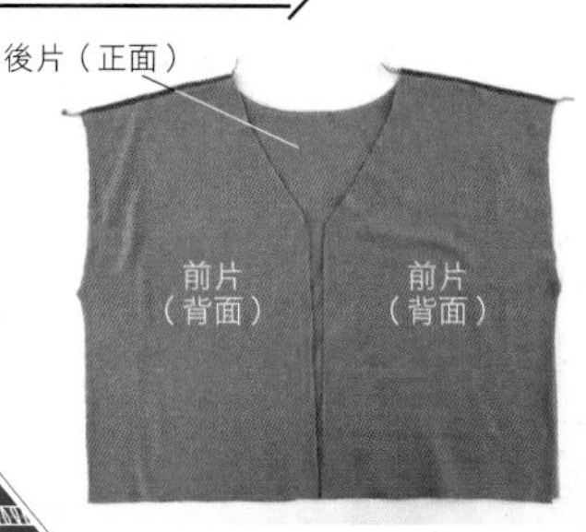


進行拷克

① 前後片正面相對疊合，肩線拷克。（P.10-B）

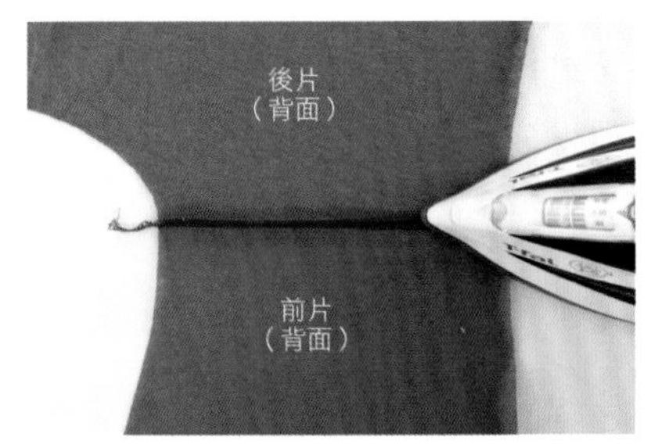


② 熨燙縫份倒向後側。

## 4. 身片接縫袖子

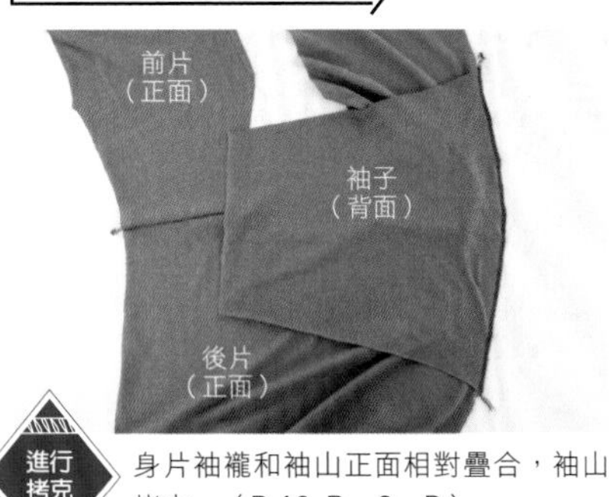


進行拷克

身片袖襱和袖山正面相對疊合，袖山拷克。（P.10-B・C・D）

## 5. 袖下和脇邊車縫

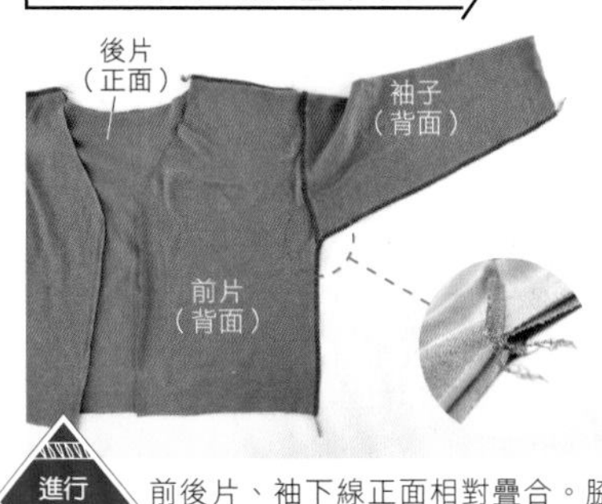


進行拷克

前後片、袖下線正面相對疊合。脇下邊縫份各自倒向另一側。車縫袖下和脇邊。（P.10-B・D）

## 6. 製作袖口布

直線車縫

① 袖口布正面相對對摺，袖下線直線車縫。

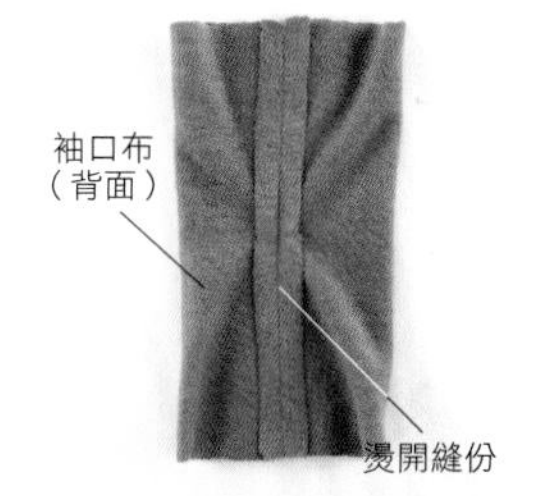


② 燙開縫份。

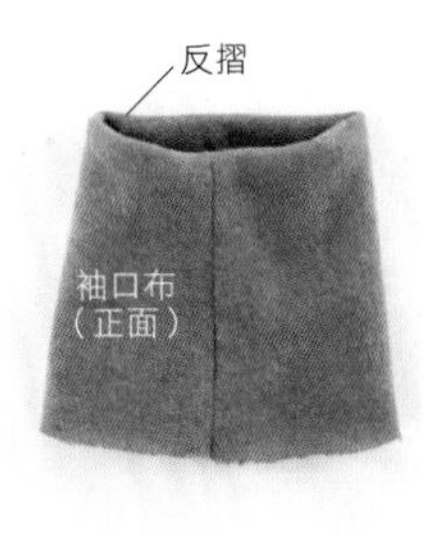


③ 上半部分反摺重疊2片。

## 7. 袖口接縫袖子

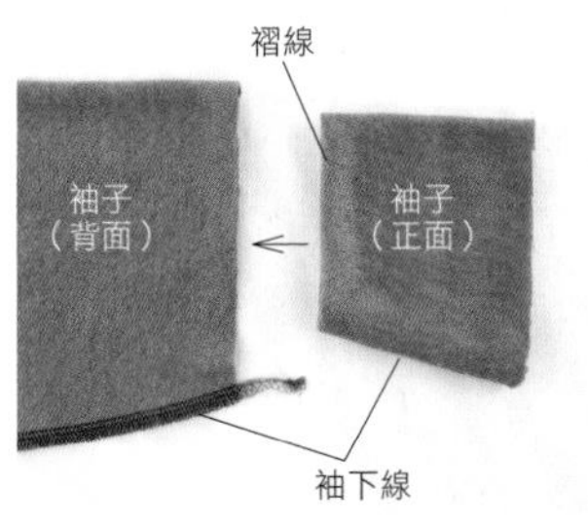


① 袖子袖口和袖口布如圖片排列，袖口布置入袖口。

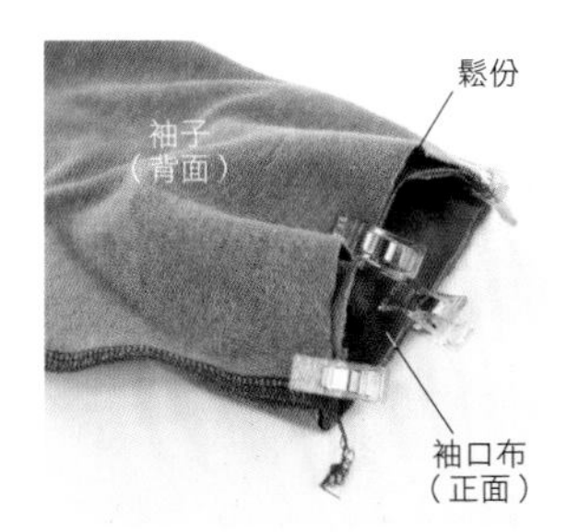


② 袖口布和袖口對齊合印記號固定。袖口布長度比袖口短，請均勻分配鬆份。

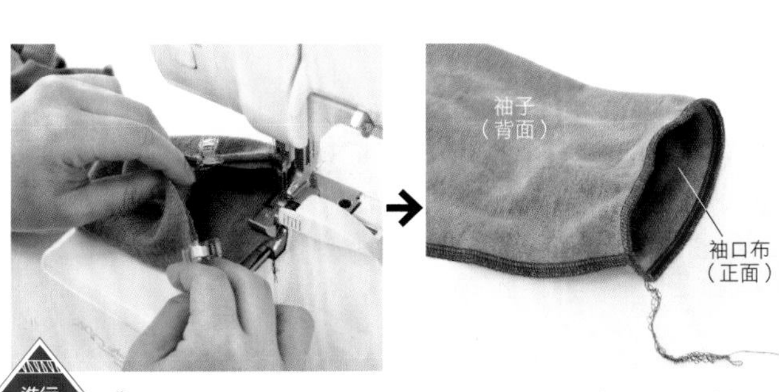


進行拷克

③ 壓布腳抬起，包夾袖下線處，袖口布長度比袖口短，一邊拉長袖口布一邊拷克（P.11-E）。處理縫線（P.11-F）。

④ 袖子翻至正面。

## 8. 下襬接縫身片

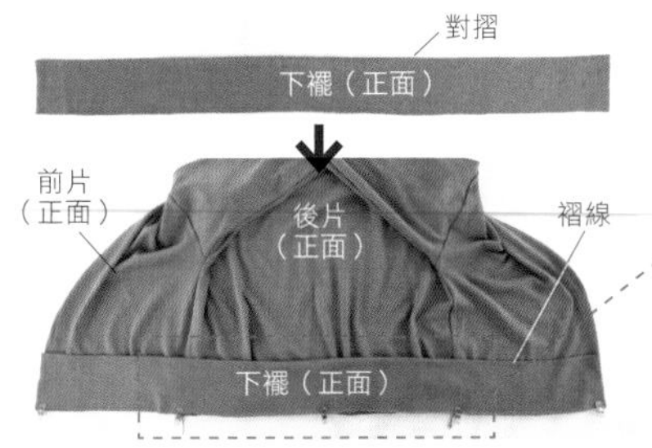


1 下襬背面相對對摺，身片正面重疊下襬，對齊布邊。以強力夾固定兩端合印記號。

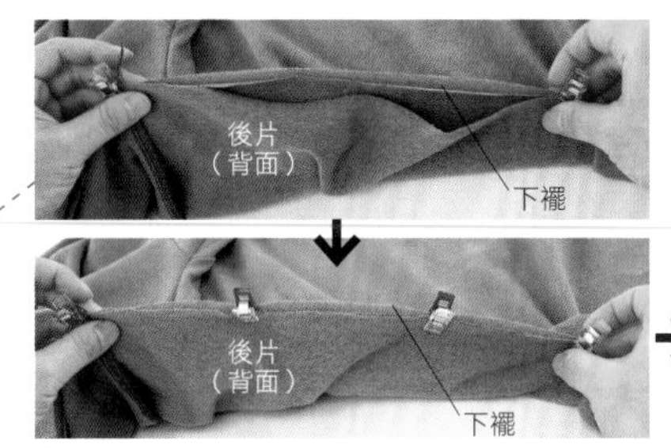


2 身片的下襬長度較長，將下襬長度對齊固定，均勻分布鬆份。

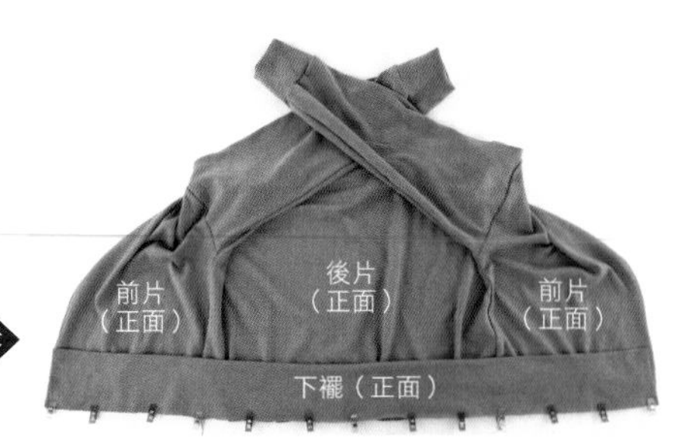


下襬全部固定。

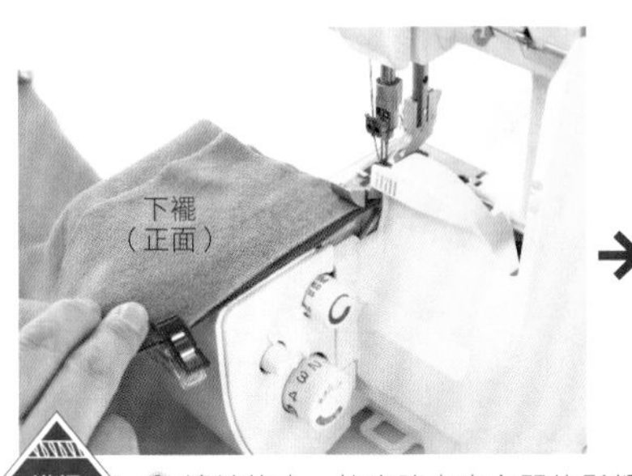


進行拷克

3 邊端拷克。拉直強力夾之間的鬆份慢慢車縫。

4 下襬倒向下側。縫份自然倒向上側。

## 9. 領子接縫身片

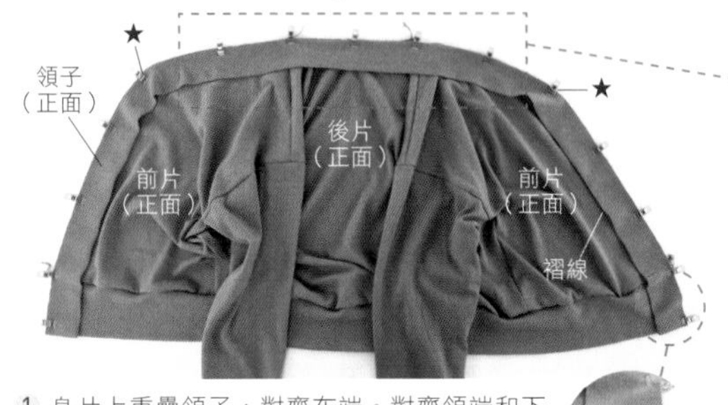


1 身片上重疊領子，對齊布端。對齊領端和下襬。強力夾固定。

★上的領圍，因為身片領圍長度較長，鬆份均勻分配後以強力夾固定。

進行拷克

2 領子朝上，下襬到下襬之間拷克（P.10-B）。預留縫線10cm左右裁剪，處理縫線（P.11-F）。領子立起縫份自然倒向身片側。

## 10. 製作釦眼、縫上釦子

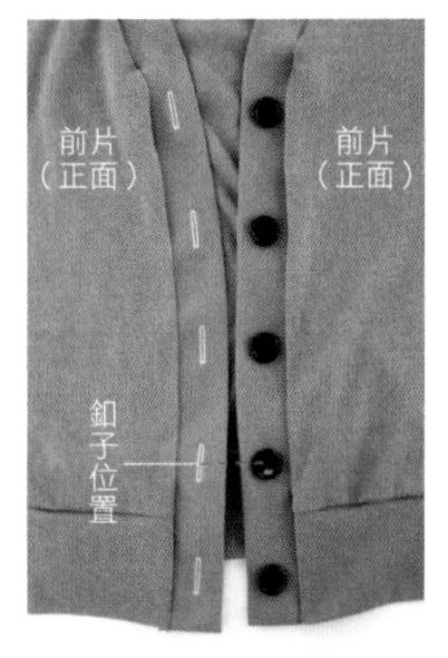


右領中心製作釦眼，左領縫上釦子。釦眼位置位於釦子中心，釦眼長度等於釦子寬度+0.3cm左右。

**完成**

前

後

column

# 修改紙型方法

稍微調節紙型更能描繪出理想的版型。
領圍的寬度、身長、袖長、下襬寬、袖寬修改的重點。

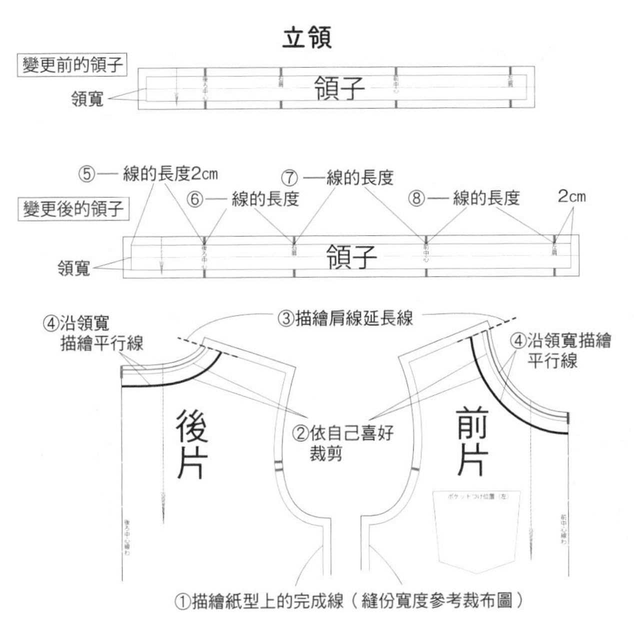


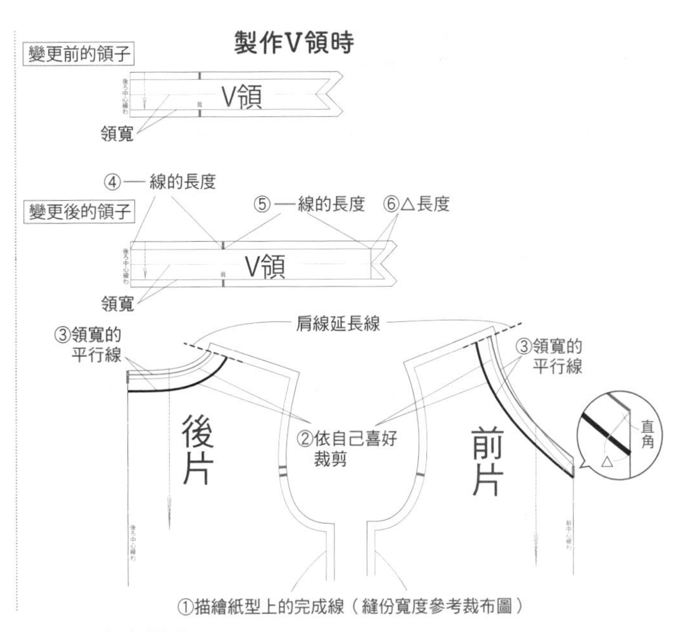


若調整T恤的領寬，則領長也會變動。

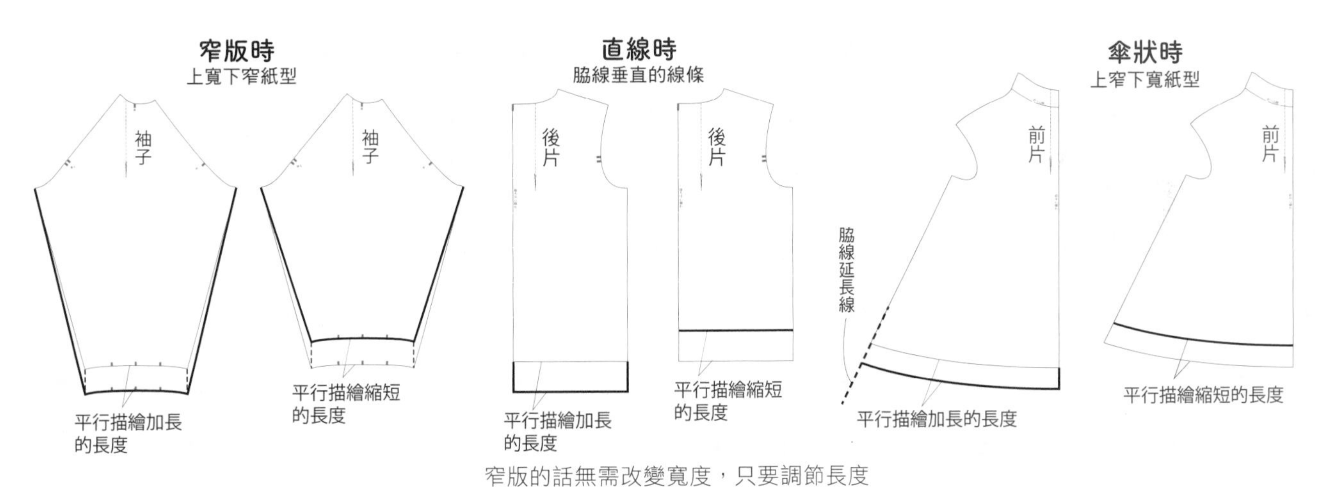


窄版的話無需改變寬度，只要調節長度

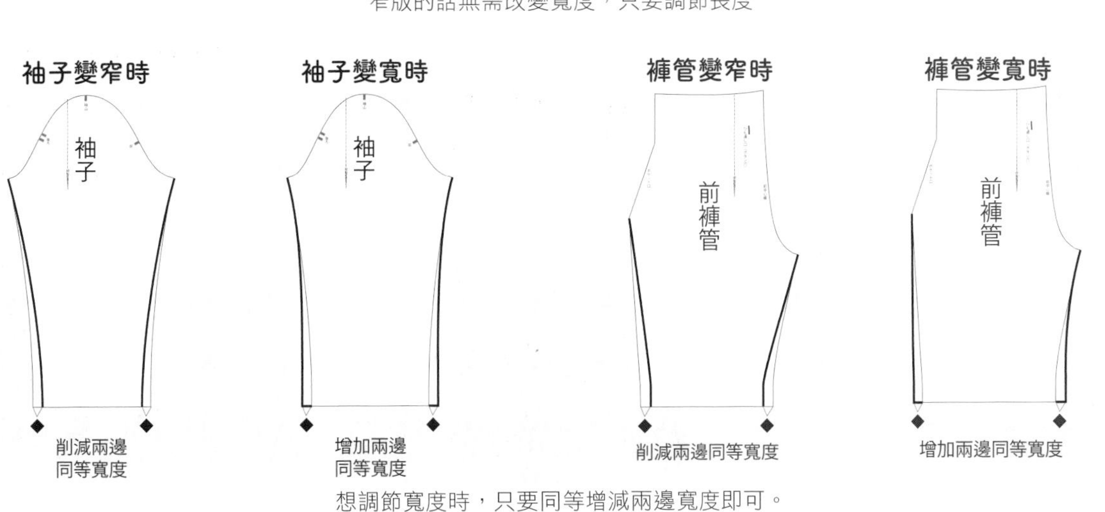


想調節寬度時，只要同等增減兩邊寬度即可。

購買衣服時，是不是為了選擇可以遮住腹部、腿部、屁股，

而常常選擇長版上衣呢？

有可以修飾身材，又可展現優雅氣質的上衣款式嗎？

彈性針織布就能充分展現垂墜感，

試著製作看看吧！

# 17

| 長袖傘狀上衣 |

稍微緊縮領圍的船型領，和沿著下襬漸寬的傘狀上衣。搭配狂野的牛仔褲或是一般簡單褲款，都可以創造出時尚的穿搭。

尺寸 | S～3L

製作方法 | P.68

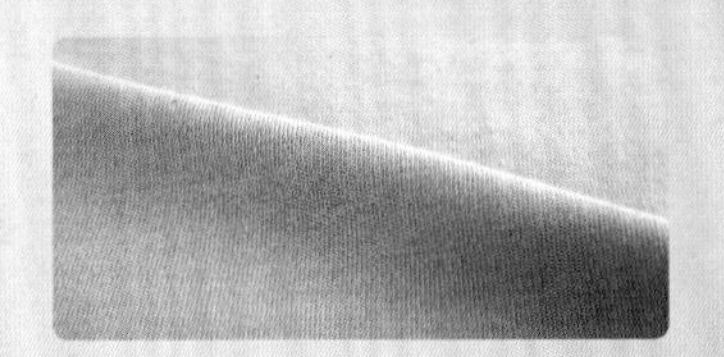

使用布料

RR-C40彈性針織布（灰色）／sewing supporter Rick Rack

推薦素材

彈性針織布或平紋布等，從輕薄到中厚的素材都OK。要展現漂亮的傘狀弧度，選擇織目較緊的中厚素材較適合。

# 18

| 無袖傘狀上衣 |

取消17款的袖子設計的無袖上衣。有點包肩的袖襱版型，可以讓手臂看起來更顯修長。

尺寸 | S～3L

製作方法 | P.67

使用布料

RR-C40棉質布（深藍色）／sewing supporter Rick Rack

推薦素材

從輕薄到中厚的素材均可，依據布料的張力決定輪廓的變化。另外微妙的光澤變化也是有趣的重點之一。

# 18 無袖傘狀上衣

原寸紙型C面

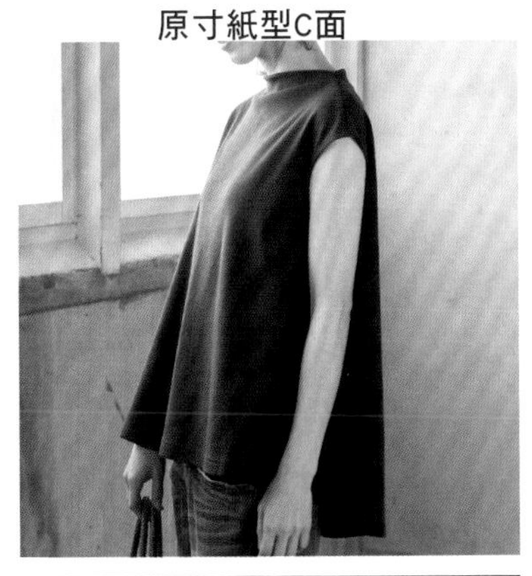

| 尺寸 | 完成尺寸（cm） | | | 布料用量 |
|---|---|---|---|---|
| | 身長 | 胸圍 | 袖長 | 寬160cm |
| S | 68 | 86.5 | 23 | 1m10cm |
| M | 70 | 93 | 24.5 | 1m10cm |
| L | 72.5 | 99.5 | 26 | 1m30cm |
| 2L | 74.5 | 106 | 28 | 1m50cm |
| 3L | 76.5 | 112.5 | 29.5 | 1m50cm |

各尺寸共用材料
- 止伸襯布條0.9cm 寬60cm

## 重點

- 請描繪無袖專用紙型。
- 避免袖口變形，需貼上止伸襯布條，這樣袖口可以完全貼合手臂。
- 肩縫份倒向前側，請於前肩貼上止伸襯布條。

＊原寸紙型無需另計縫份
● 記號中的數字代表紙型所包含的縫份，沒有指示處則為包含1cm縫份。

## 布料裁剪方法
（M尺寸）

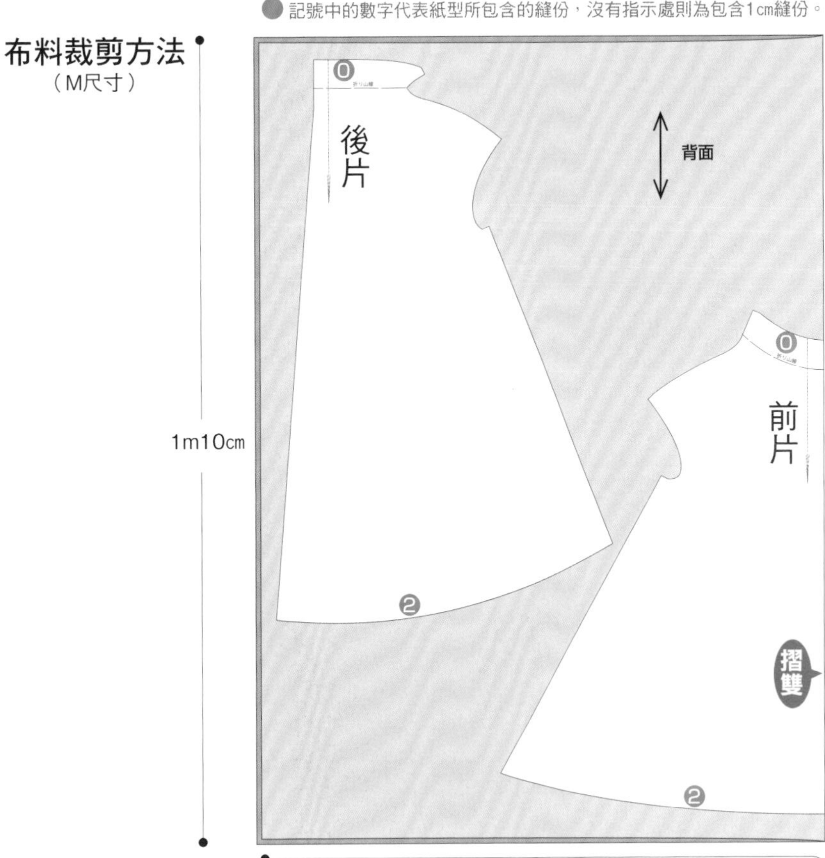


## 製作順序

1. 修改紙型裁剪布料（裁布方法）。
2. 前肩貼上止伸襯布條（P.68-1）。
3. 前領圍拷克（P.68-2）。
4. 車縫後中心線（P.68-3）。
5. 後領圍拷克（P.68-4）。
6. 身片下襬拷克（P.68-5）。
7. 車縫肩線（P.68-6）。
8. 車縫袖口・脇線。
9. 車縫下襬。
10. 車縫後領圍。

## 8. 車縫袖口・脇線

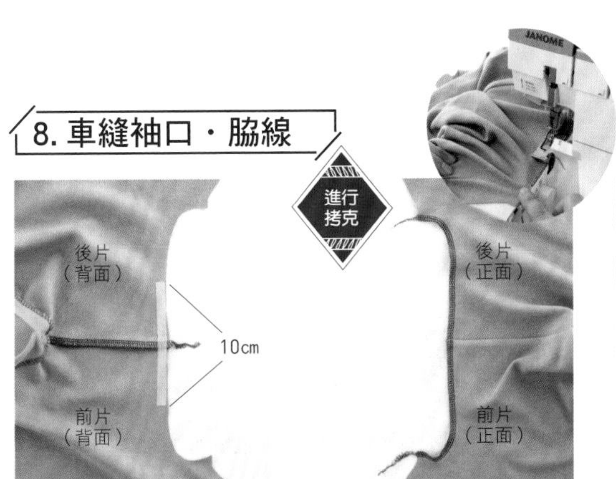


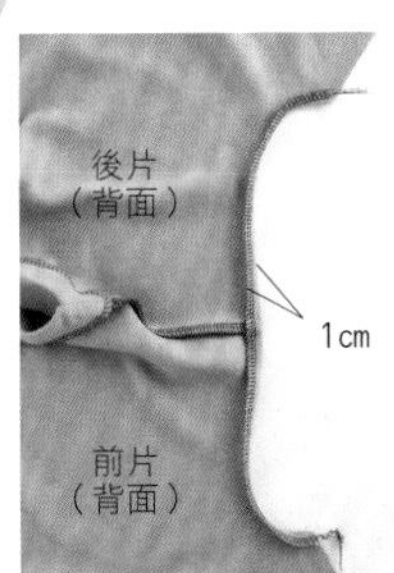

1 袖襬肩線縫線，沿中心左右共10cm貼上止伸襯布條。

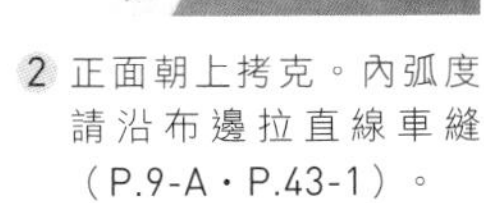
2 正面朝上拷克。內弧度請沿布邊拉直線車縫（P.9-A・P.43-1）。



3 摺疊袖襬縫份1cm。

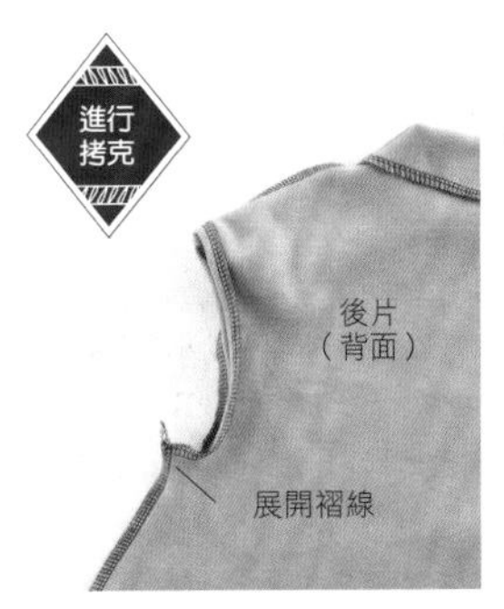


4 前後片正面相對疊合，後片朝上脇邊拷克。（P.10-B）。

5 袖襬縫份沿步驟3摺線摺疊，於拷克線上車縫。
※縫線請選擇P.11-9.Ⅲ和Ⅳ（以下同）。

# 17 長袖傘狀上衣

原寸紙型C面

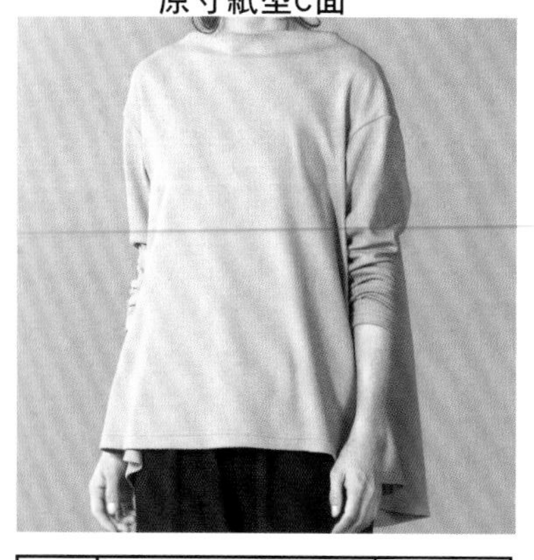

| 尺寸 | 完成尺寸（cm） | | | 布料用量 |
|---|---|---|---|---|
| | 身長 | 胸圍 | 袖長 | 寬160cm |
| S | 68 | 98 | 70 | 1m30cm |
| M | 70 | 105 | 73 | 1m30cm |
| L | 72.5 | 115 | 76 | 1m40cm |
| 2L | 74.5 | 120 | 79.5 | 1m70cm |
| 3L | 76.5 | 127.5 | 82.5 | 1m80cm |
| 各尺寸共用材料<br>・止伸襯布條0.9cm 寬40cm | | | | |

## 重點

・依據領子款式，肩縫份倒向前側，請於前肩貼上止伸襯布條。

＊原寸紙型無需另加縫份

●記號中的數字代表紙型所包含的縫份，沒有指示處則為包含1cm縫份。

━ 代表合印記號，剪入0.3cm牙口作記號。

## 布料裁剪方法
（M尺寸）

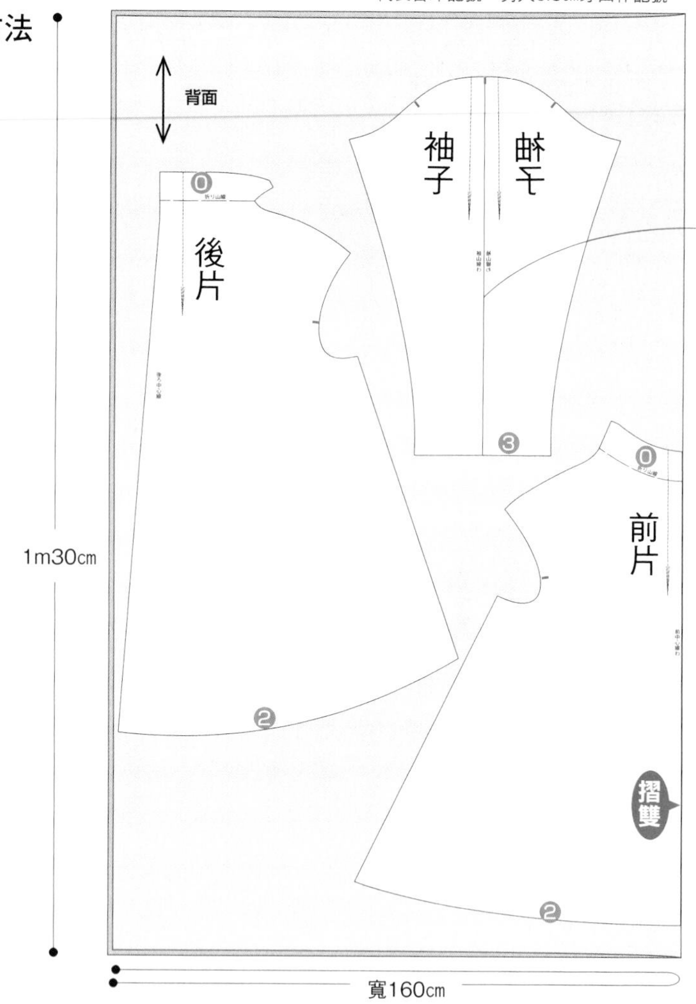


### 1. 前肩貼上止伸襯布條

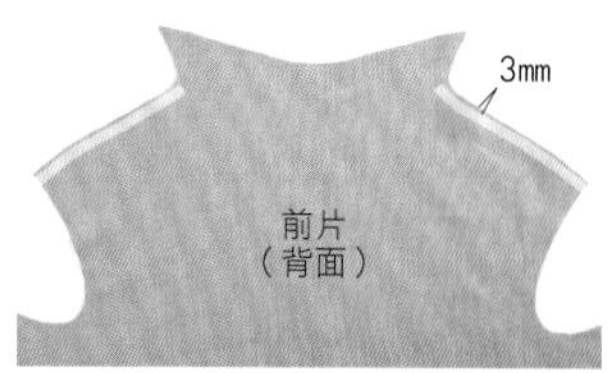


前肩貼上止伸襯布條。

### 2. 前領圍拷克

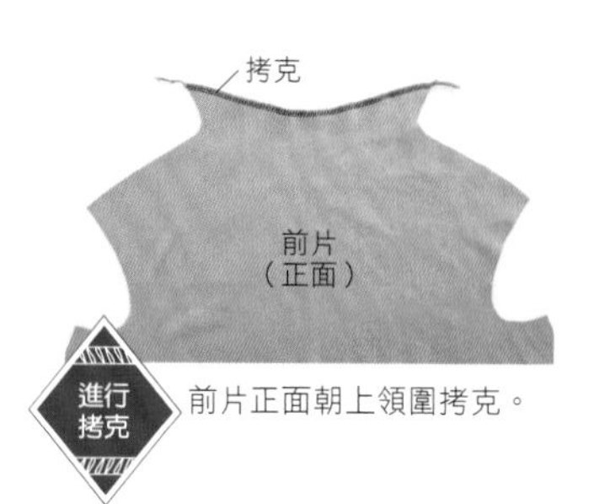


前片正面朝上領圍拷克。

### 3. 車縫後中心線

1 左右後片正面相疊合，後中心拷克（P.10-B）。

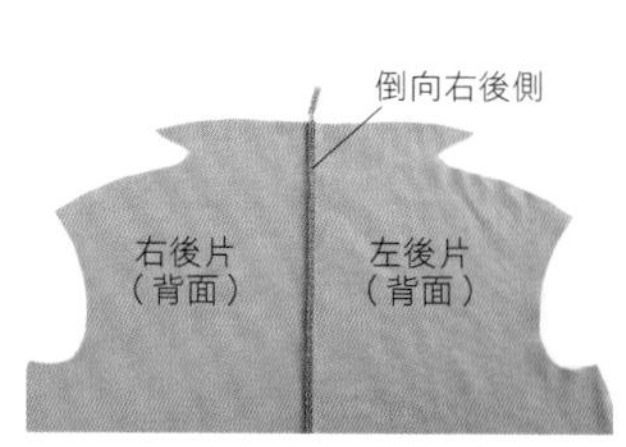


2 後中心縫份倒向右後側熨燙整理。

### 4. 後領圍拷克

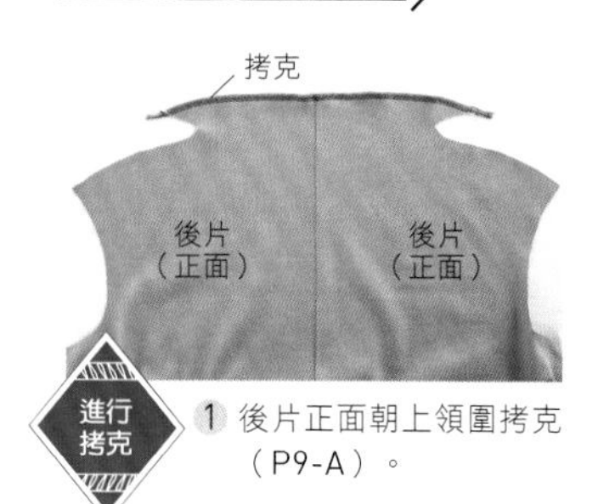


1 後片正面朝上領圍拷克（P9-A）。

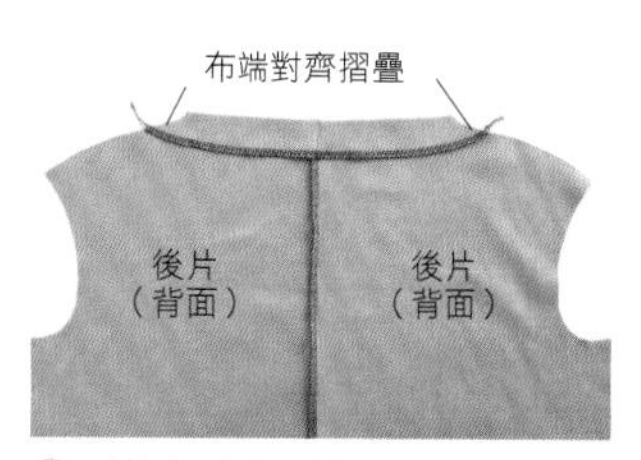


2 肩線布端完全對齊，領圍縫份熨燙整理。

### 5. 身片下襬拷克

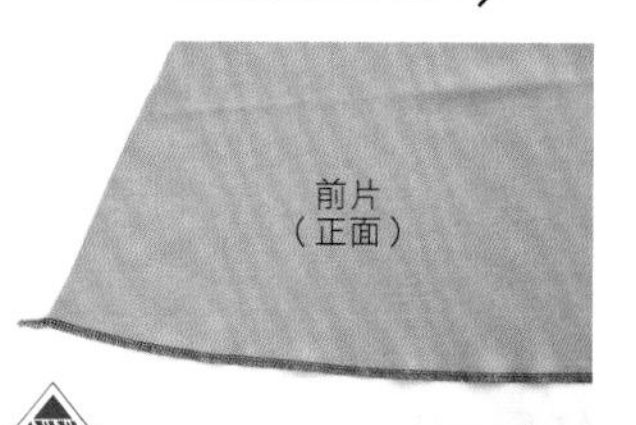


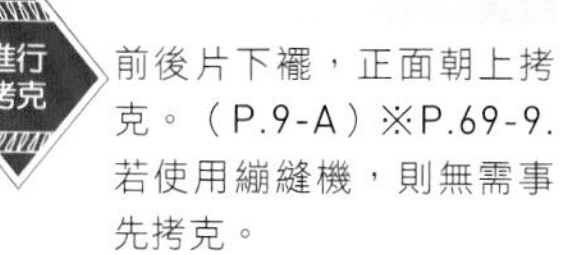

前後片下襬，正面朝上拷克。（P.9-A）※P.69-9.若使用綢縫機，則無需事先拷克。

### 6. 車縫肩線

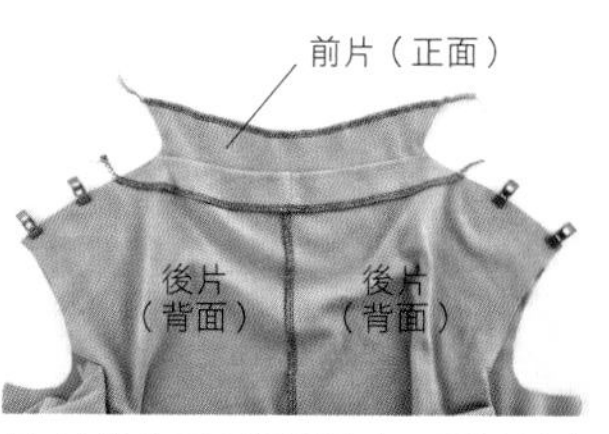


1 前後片正面相對疊合，肩線以強力夾固定。

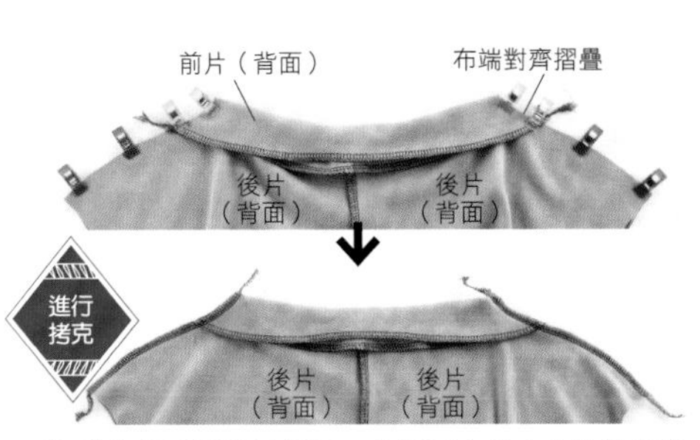


② 沿後領圍摺疊前領圍。前領圍布端也完全對齊後固定。肩線拷克（P.10-B）。

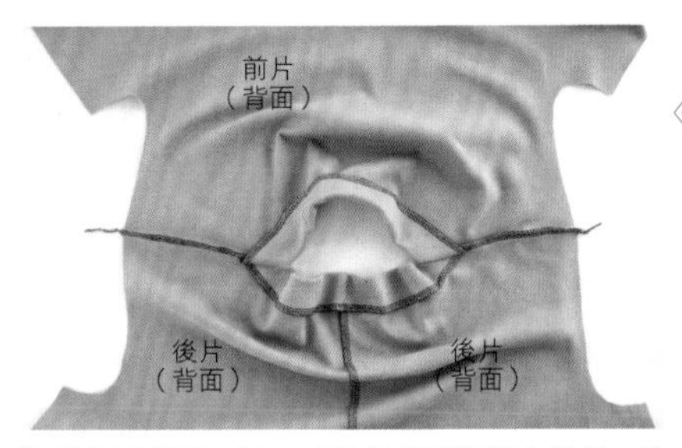


③ 前領圍翻至正面，肩線縫份熨燙倒向前側。前領圍縫份無需熨燙。

## 7. 身片接縫袖子

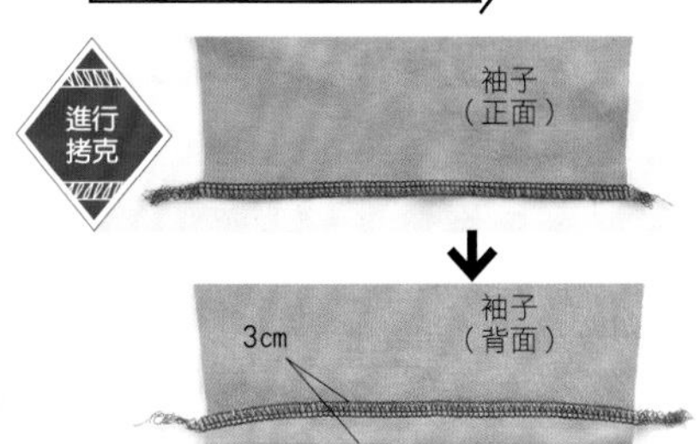


① 袖子正面朝上，袖口拷克。（P.9-A）袖口縫份摺疊3cm。※若使用繃縫機，則無需事先拷克。

前片
（正面）
袖子
（背面）
後片
（正面）
拷克
袖子
（背面）

② 身片袖襱和袖子袖山正面相對重疊，以強力夾固定。袖山拷克縫合。請依自己車縫方便的任一側車縫。

進行
拷克

## 8. 車縫袖下・脇線

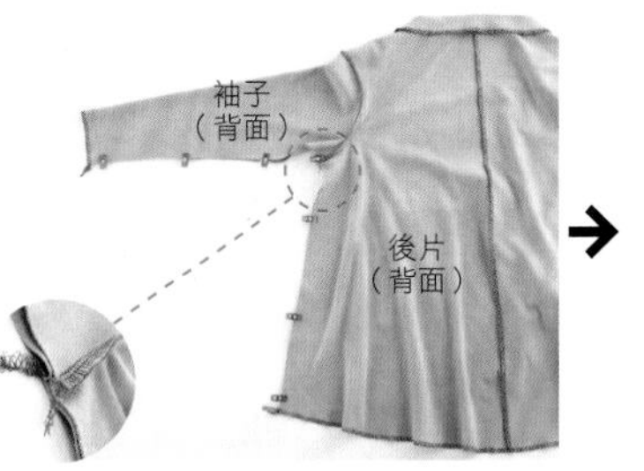


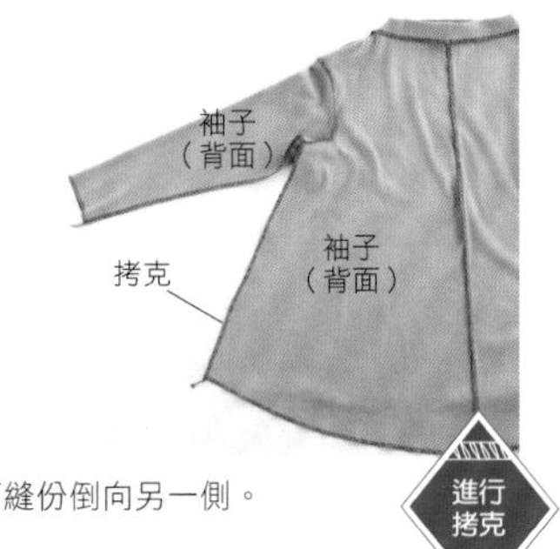


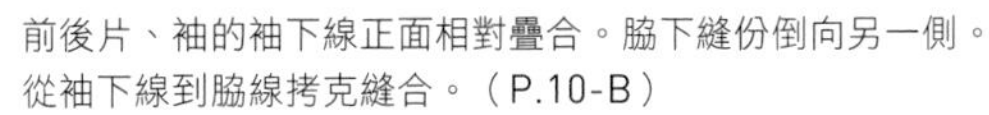

前後片、袖的袖下線正面相對疊合。脇下縫份倒向另一側。從袖下線到脇線拷克縫合。（P.10-B）

進行
拷克

## 9. 車縫下襬

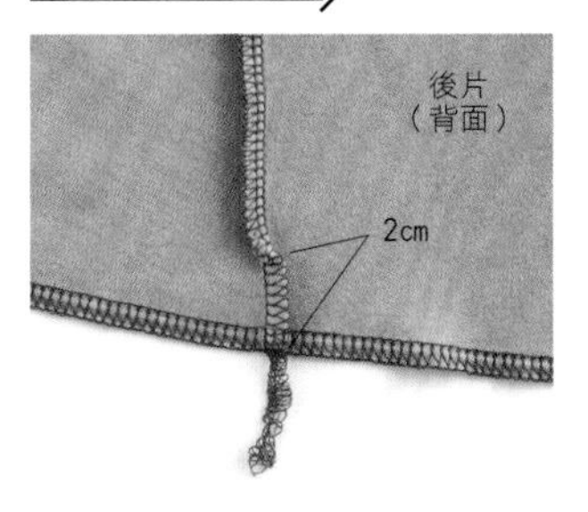


① 脇線下襬2cm位置縫份扭轉熨燙後倒下。

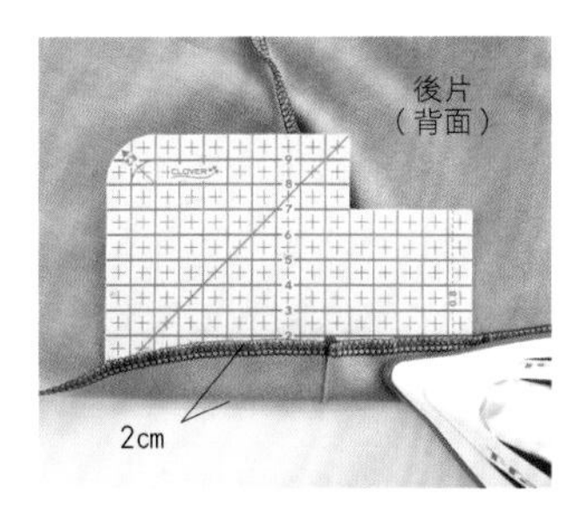


② 縫份摺疊2cm。

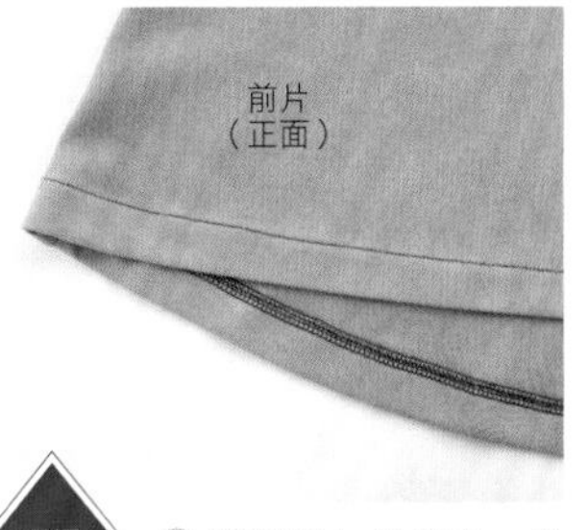


選擇
縫線

③ 拷克線上側拷克。※縫線請選擇P.11-9. Ⅰ至Ⅳ。

## 10. 車縫袖口

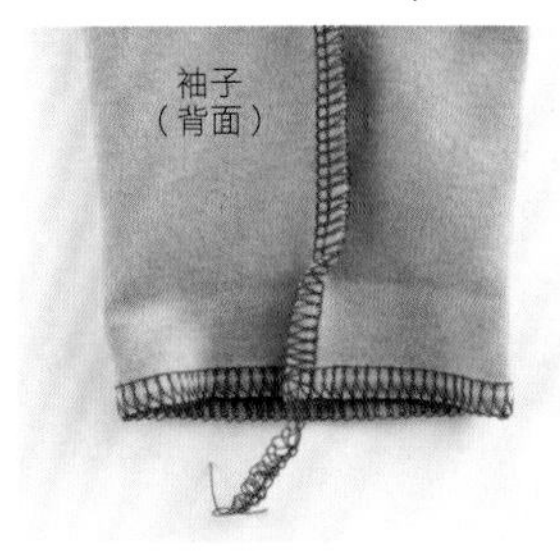


① 袖下線袖口褶線處扭轉縫份方向熨燙倒下。

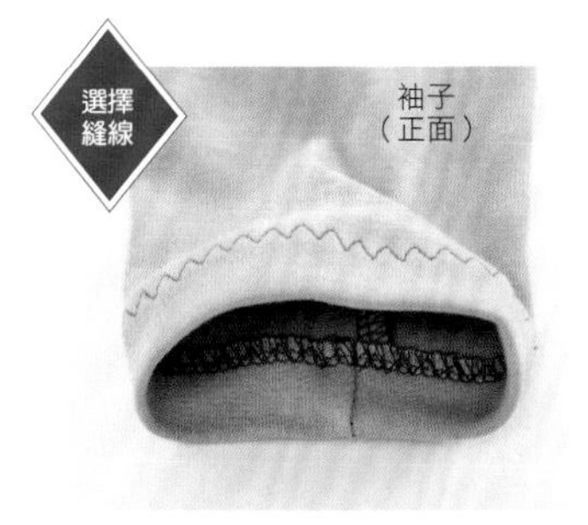


② 袖口縫線摺疊褶線，拷克線上側拷克。※縫線請從P.11-9. Ⅰ至Ⅲ選擇。袖口在穿脫時，需要伸展，請選擇有彈性的縫線。

## 11. 車縫後領圍

後領圍縫份中，後中心縫線以車縫線手縫固定。

完成

前　　後

不論單穿、或是多層次造型都很百搭的高領上衣。

也許有很多讀者會驚訝，這樣的款式也可以縫製嗎？

特意簡化的縫製過程，請試著製作看看吧！

如果想要製作內搭合身上衣，可以選擇小一號的尺寸，

若想穿的寬鬆一點，就選擇原本尺寸即可。

# 19

| 長袖高領衫 |

像是毛衣質感般的細羅紋材質長袖高領衫，合身的版型搭配寬鬆高領。可以展現修長身材，也不會覺得脖子不舒服。長長袖子可以往上拉，或者摺起來。

尺寸 | S～3L

製作方法 | P.74

使用布料

1/26支羊毛針織布（W-1000 暗褐色）／APU HOUSE

推薦素材

羊毛針織布擁有毛衣的外型，棉質及刷毛布料則具有休閒感，可選用內刷毛或雙面針織布料會更舒適。

## 20

| 無袖高領衫 |

將**19**的款式變成包袖和小高領款式。無袖小高領上衣，合身尺寸搭配上外套看起來也不會臃腫，下襬不論塞進裡面，或是放在外面都很好看。

尺寸 | S～3L

製作方法 | P.73

使用布料
棉質布／mocamocha

推薦素材
棉素材針織布穿起來很舒適。太輕薄的素材，看起來會太透，中厚材質布料也可以修飾身材。

# 20 無袖高領衫

原寸紙型C面

| 尺寸 | 完成尺寸（cm） | | | 布料用量 |
|---|---|---|---|---|
| | 身長 | 胸圍 | 肩寬 | 寬145cm |
| S | 58 | 81.5 | 31.5 | 1m |
| M | 60 | 88 | 34 | 1m20cm |
| L | 62 | 94 | 36 | 1m40cm |
| 2L | 64 | 100.5 | 38.5 | 1m50cm |
| 3L | 66 | 107 | 41 | 1m60cm |

各尺寸共用材料

・止伸襯布條0.9cm 寬30cm

## 布料裁剪方法

（M尺寸）

＊原寸紙型無需另加縫份

● 記號中的數字代表紙型所包含的縫份，沒有指示處則為包含1cm縫份。

— 代表合印記號，剪入0.3cm牙口作記號。

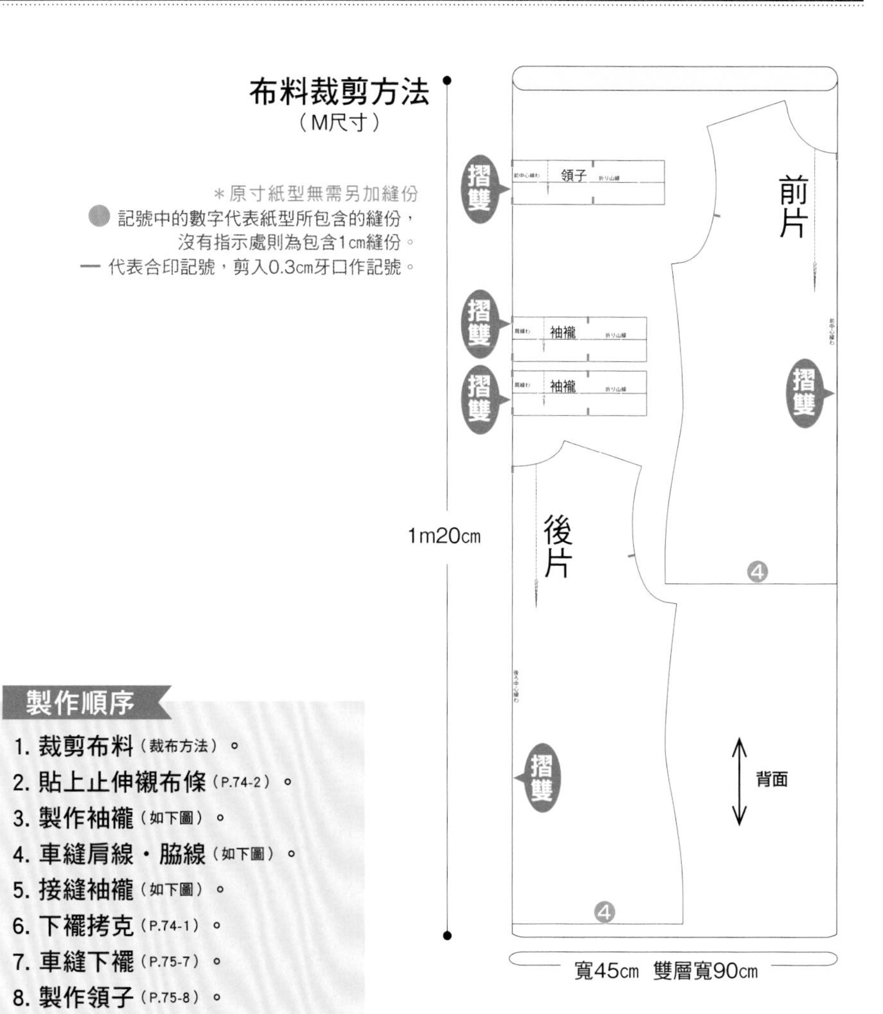


## 製作順序

1. 裁剪布料（裁布方法）。
2. 貼上止伸襯布條（P.74-2）。
3. 製作袖襱（如下圖）。
4. 車縫肩線・脇線（如下圖）。
5. 接縫袖襱（如下圖）。
6. 下襬拷克（P.74-1）。
7. 車縫下襬（P.75-7）。
8. 製作領子（P.75-8）。
9. 接縫領子（P.75-9）。

## 3. 製作袖襱

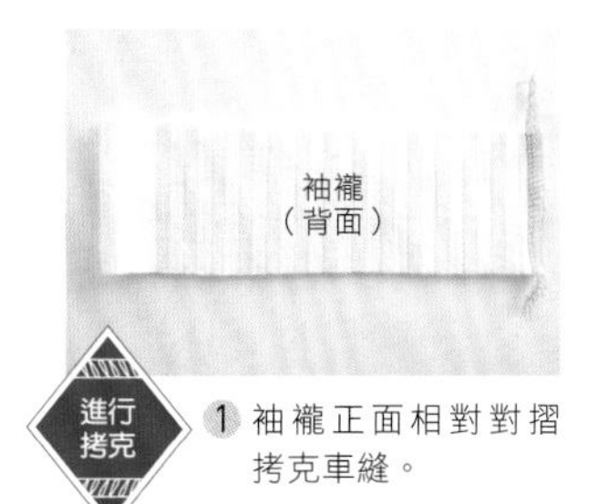


1 袖襱正面相對對摺拷克車縫。

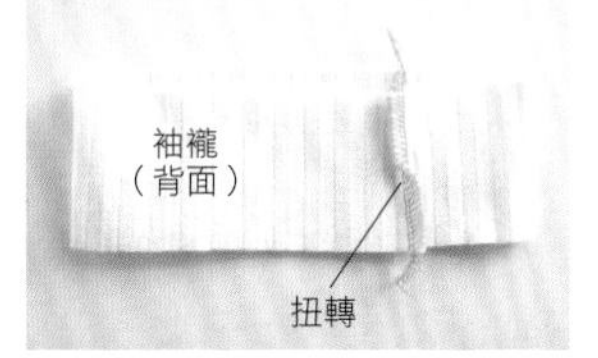


2 從縫線中央的縫份扭轉倒下。

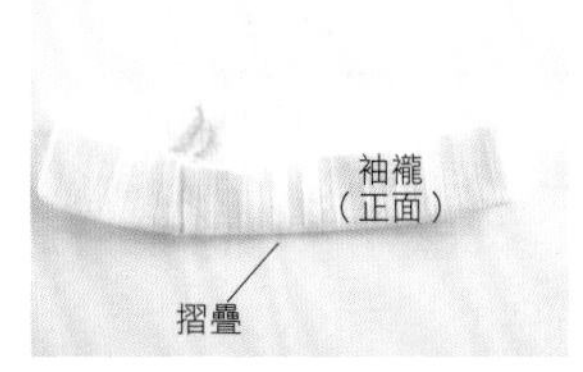


3 袖襱背面相對對摺。

## 4. 車縫肩線・脇線

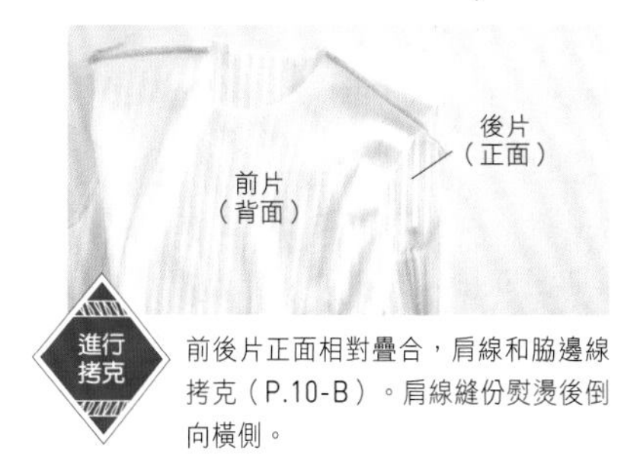


前後片正面相對疊合，肩線和脇邊線拷克（P.10-B）。肩線縫份熨燙後倒向橫側。

## 5. 接縫袖襱

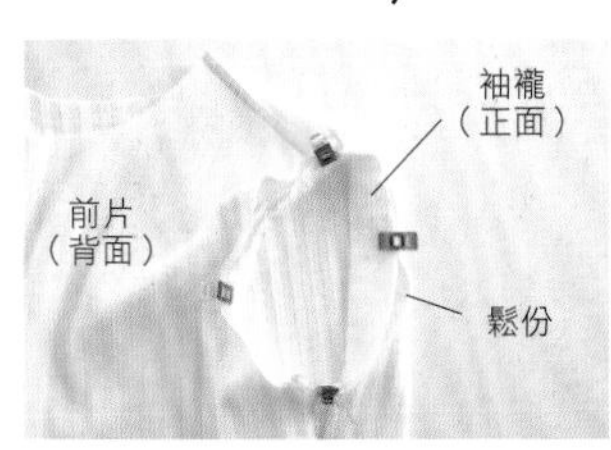


1 身片和袖襱正面相對疊合，對齊合印記號。比起身片，袖襱比較短，所以身片要均勻分配鬆份。

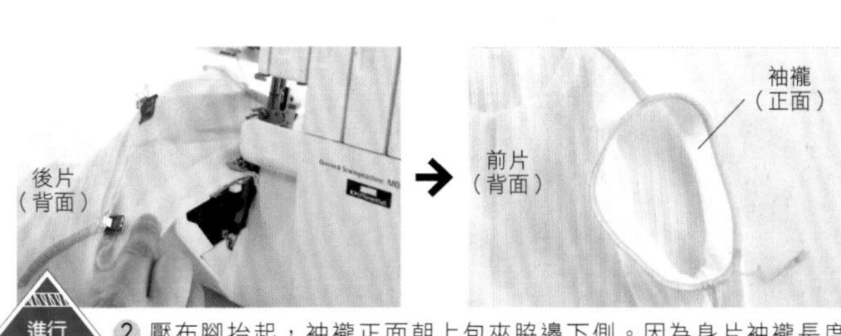


2 壓布腳抬起，袖襱正面朝上包夾脇邊下側。因為身片袖襱長度較長，車縫時請確拉伸袖襱弧線，一圈拷克（P.11-E）。預留10cm縫線後裁剪。處理縫線（P.11-F）。

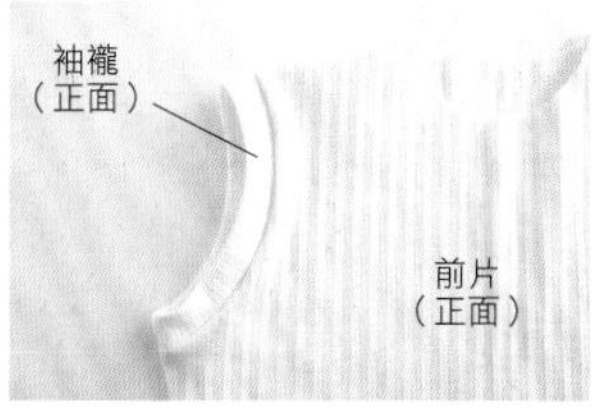


3 翻起袖襱。縫份自然倒向身片側。

# 19 長袖高領衫

原寸紙型C面

| 尺寸 | 完成尺寸（cm） | | | | 布料用量 |
|---|---|---|---|---|---|
| | 身長 | 胸圍 | 肩寬 | 袖長 | 寬137cm |
| S | 58 | 81.5 | 31.5 | 58.5 | 1m40cm |
| M | 60 | 88 | 34 | 60.5 | 1m50cm |
| L | 62 | 94 | 36 | 62.5 | 1m50cm |
| 2L | 64 | 100.5 | 38.5 | 64 | 1m60cm |
| 3L | 66 | 107 | 41 | 66 | 1m60cm |

各尺寸共用材料
・止伸襯布條0.9cm 寬30cm

## 布料裁剪方法
（M尺寸）

＊原寸紙型無需另加縫份
● 記號中的數字代表紙型所包含的縫份，沒有指示處則為包含1cm縫份。
— 代表合印記號，剪入0.3cm牙口作記號。

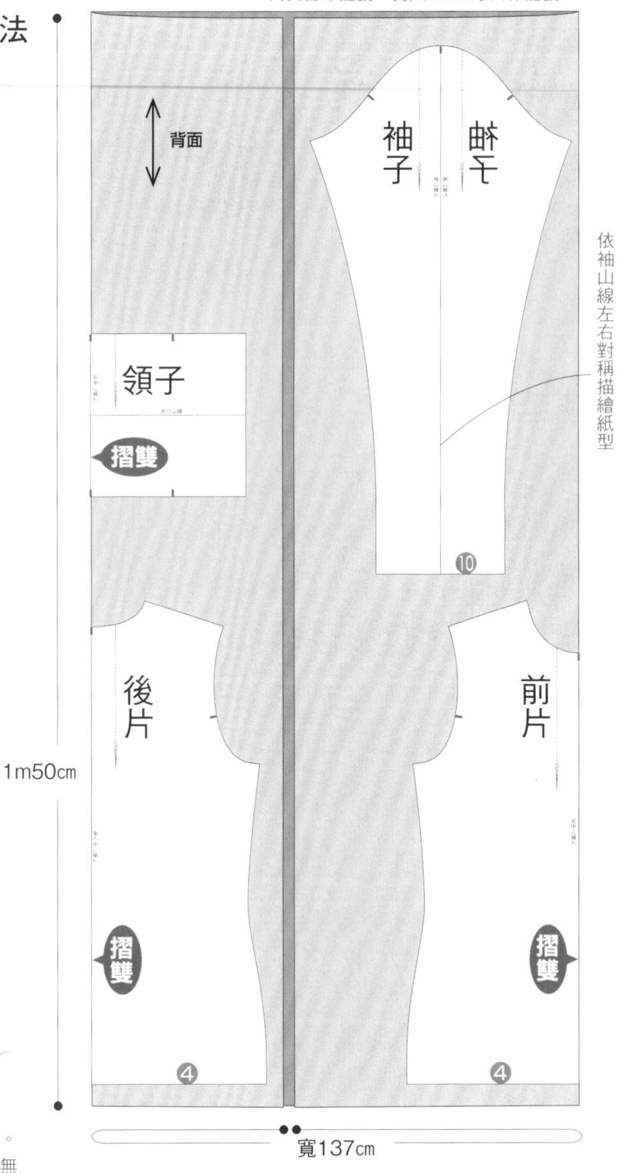


## 1. 袖口和下襬拷克

進行拷克 1 正面朝上，袖口布端拷克（P.9-A）。

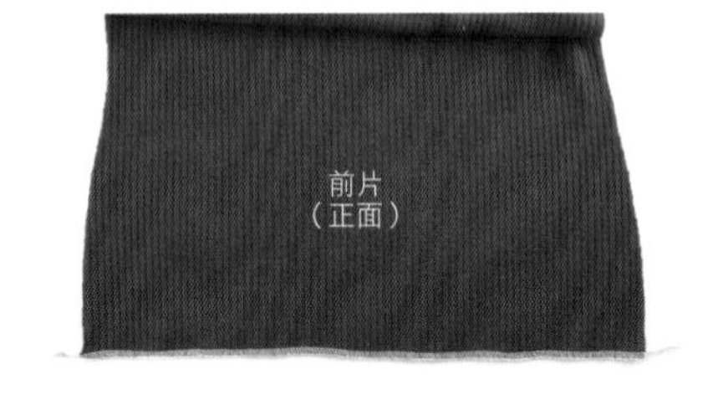


進行拷克 2 正面朝上，前後片下襬拷克。（P.9-A）※若使用繃縫機，則無需事先拷克。

## 2. 貼上止伸襯布條

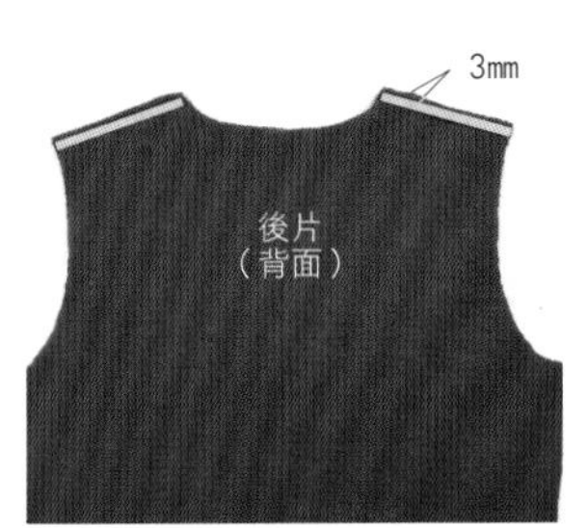


後片肩線貼上止伸襯布條。

## 3. 車縫肩線

進行拷克 1 前後片正面相對疊合，肩線拷克（P.10-B）。

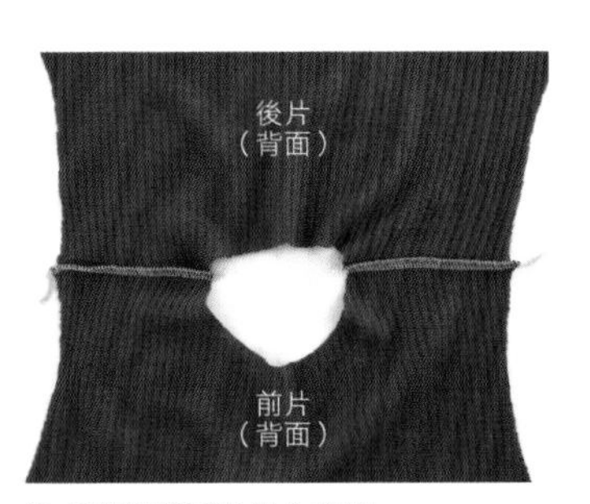


2 肩線縫份熨燙倒向後側。

## 4. 接縫袖子

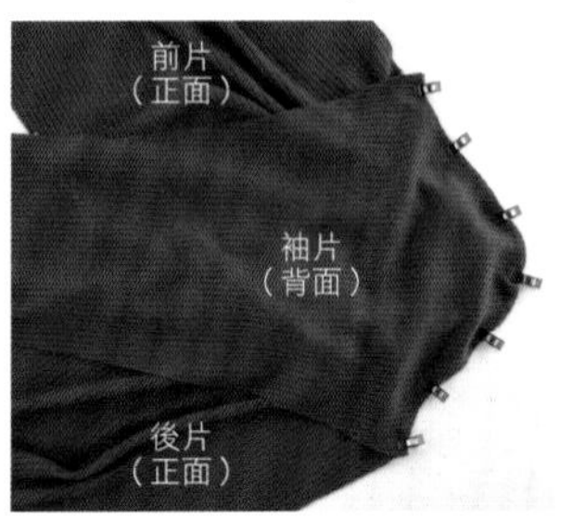


1 身片袖襱和袖子袖山正面相對疊合，對齊合印記號。

## 5. 車縫袖下脇線

進行拷克
2 袖山拷克車縫。請依自己車縫方便的任一側車縫。（P-10B・C・D）

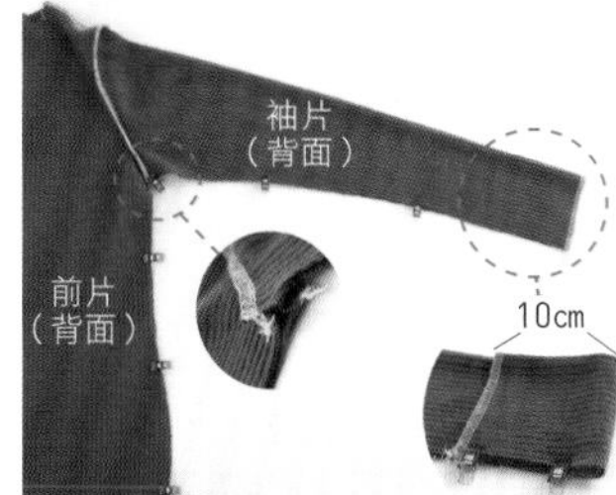


1 前後片正面相對疊合，布端對齊以強力夾固定。脇下縫份各自倒向另一側。袖口摺疊10cm。

2 袖口摺疊，袖下線至脇線拷克車縫（P.10-B・D）

進行拷克

3 袖口翻回正面。

## 6. 車縫袖口

布端手縫。注意表面不可看到縫線，藏針縫請輕挑表面織目。縫線使用手縫線或拷克線均可。

## 7. 車縫下襬

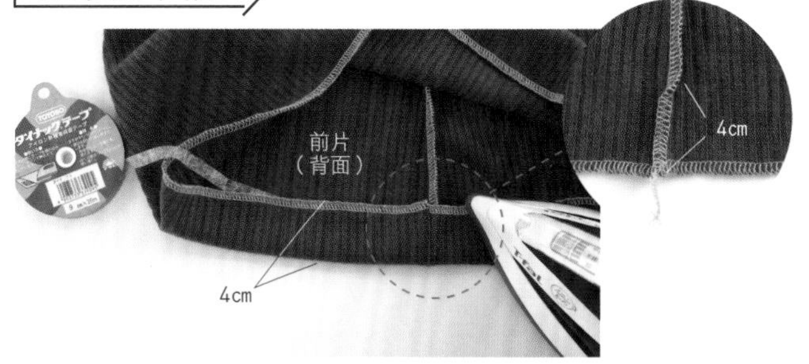


1 下襬往上4cm左右為下襬縫份，扭轉縫份熨燙倒下。因為為彈性布料請貼上止伸襯布條避免變形。※若使用綳縫機，則無需事先拷克。

選擇縫線
2 拷克線上車縫。※縫線請從P.11-9.Ⅰ至Ⅲ選擇。

## 8. 製作領子

進行拷克
1 領子正面相對對摺，拷克車縫。（P.10-B）

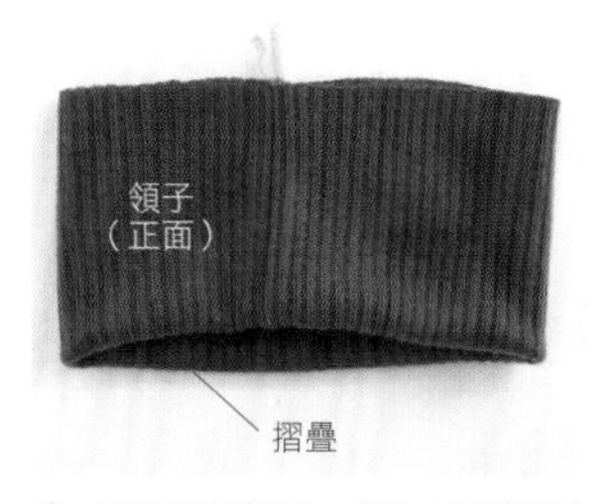


2 從縫線中央的縫份扭轉倒下。

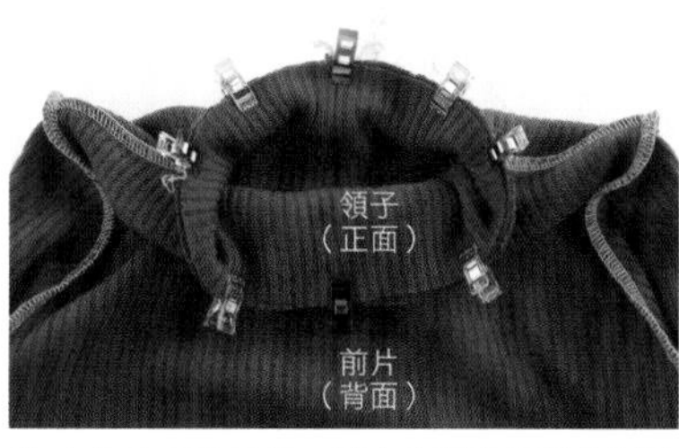


3 背面相對摺疊。請勿熨燙保持蓬鬆。

## 9. 接縫領子

1 身面和領片重疊，後中心對齊領縫線以強力夾固定。因為身片領圍較長，請均勻配置鬆份加以固定。

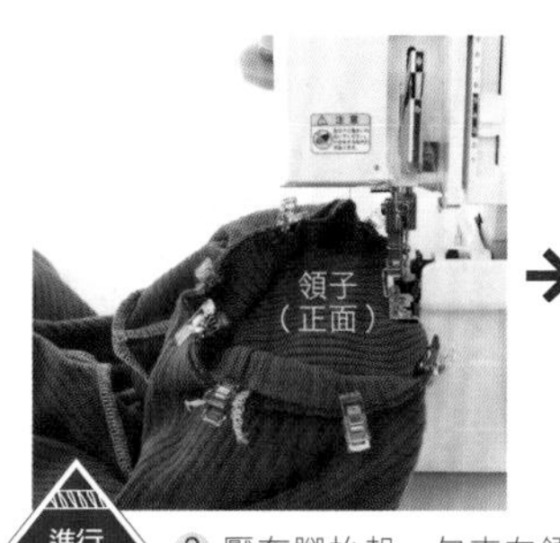

進行拷克
2 壓布腳抬起，包夾左領圍處。領圍一圈拷克。（P.11-E）處理縫線（P.11-F）

完成

前

後

# Part 11
# Dolman T-shirt
## 連肩袖上衣

身片和袖子一體成形的連袖T恤。

充分展現女性柔軟的一面。

省略袖子縫製，可以輕鬆製作。

請改變布料多作幾件試試看吧！

## 21

| 連肩袖上衣 |

展現女性修長線條的連肩袖上衣。可以完成隱藏臂膀的款式。沿著下襬的合身造型更顯素雅。

尺寸 | S～3L

製作方法 | P.79

使用布料

棉質點點平紋布（白色）／池袋 Sewing Studio

推薦素材

平紋布或是彈性布，從輕薄到中厚程度針織布都可以。如果選擇溫暖素材，秋冬也可以搭配。

## 22

| 連肩款長袖T恤 |

將21變更為長袖T恤。袖口稍緊的設計，稍稍往上提就可以變成燈籠袖，感覺更加時尚。推薦下半身搭配合身款式。

尺寸 | S～3L

製作方法 | P.79

使用布料

16號棉質平紋條紋布／Jack&Bean

推薦素材

從輕薄到中厚針織布均可。稍有垂墜感高品質布料，可以突顯時尚感。若是選擇一般平紋布或是彈性布，則可展現休閒感。

# 21・22 連肩袖上衣製作方法

原寸紙型A面

21

原寸紙型A面

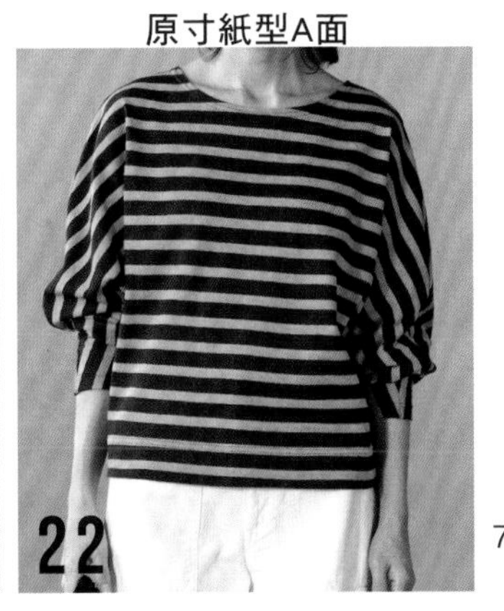


| 尺寸 | 完成尺寸（cm） | | | 布料用量 |
|---|---|---|---|---|
| | 身長 | 胸圍 | 袖長 | 寬160cm |
| S | 57.5 | 91.5 | 36 | 70cm |
| M | 59.5 | 99 | 37.5 | 70cm |
| L | 61 | 107 | 39.5 | 1m10cm |
| 2L | 63 | 115 | 41.5 | 1m40cm |
| 3L | 65 | 123 | 43.5 | 1m50cm |

各尺寸共用材料
・止伸襯布條0.9cm　寬100cm

| 尺寸 | 完成尺寸（cm） | | | 布料用量 |
|---|---|---|---|---|
| | 身長 | 胸圍 | 袖長 | 寬175cm |
| S | 57.5 | 120.5 | 71 | 1m40cm |
| M | 59.5 | 126 | 74 | 1m50cm |
| L | 61 | 132 | 77 | 1m50cm |
| 2L | 63 | 137 | 80 | 1m50cm |
| 3L | 65 | 143 | 83.5 | 1m60cm |

各尺寸共用材料
・止伸襯布條0.9cm　寬100cm

## 重點

・前後片為相同紙型。但前後領圍線不同請多加注意。
・圖21連肩短袖 圖22連肩長袖

## 布料裁剪方法（M尺寸）

21

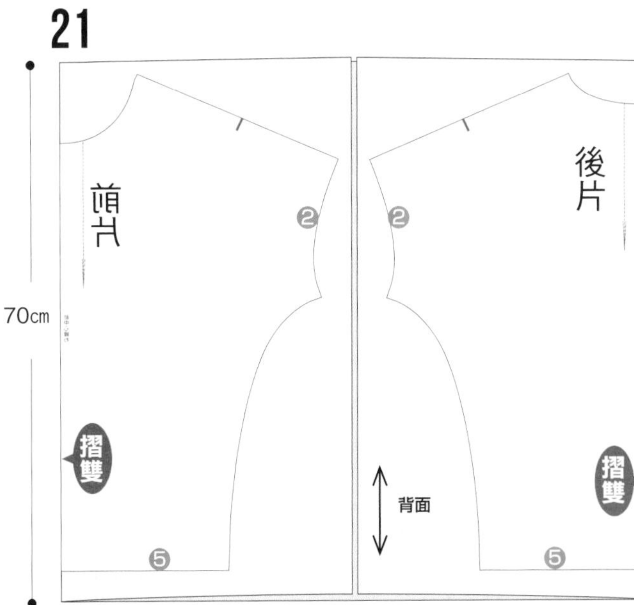


22

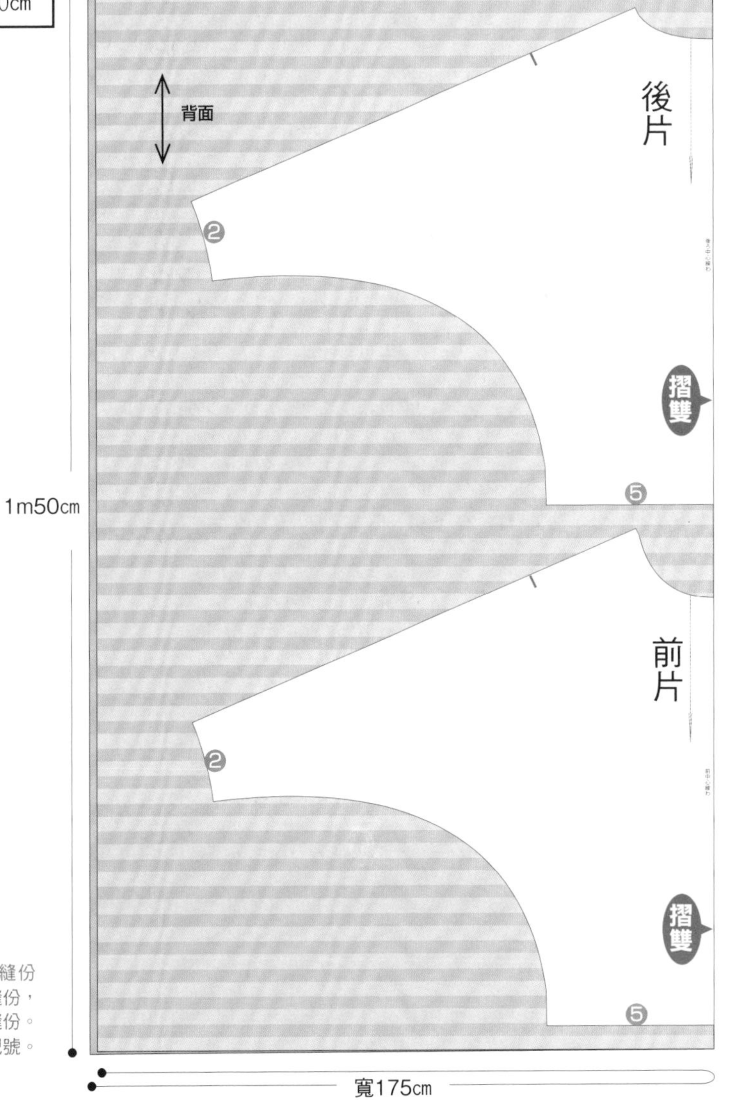


＊原寸紙型無需另加縫份
● 記號中的數字代表紙型所包含的縫份，沒有指示處則為包含1cm縫份。
— 代表合印記號，剪入0.3cm牙口作記號。

## 1. 貼上止伸襯布條

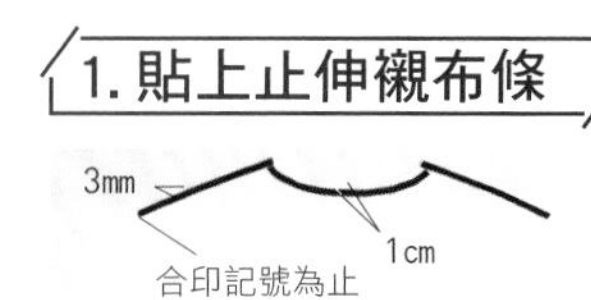

1 後肩線和領圍貼上止伸襯布條。

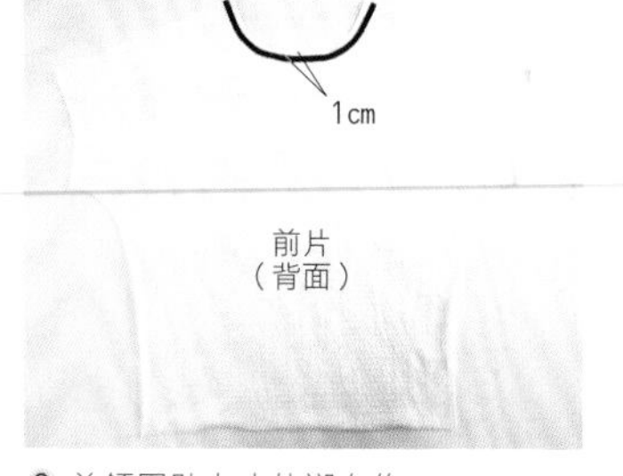


2 前領圍貼上止伸襯布條。

## 2. 摺疊領圍和下襬縫份

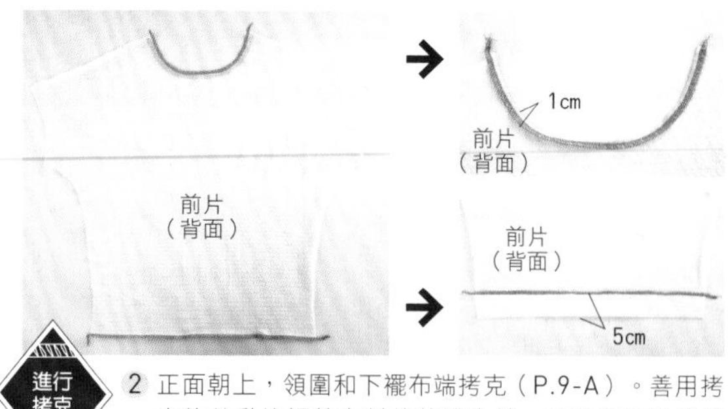


進行拷克

2 正面朝上，領圍和下襬布端拷克（P.9-A）。善用拷克的差動比調節布料的伸縮車縫。領圍和下襬縫份摺疊，後片依相同方法車縫。※使用繃縫機的話4和8步驟無需事先拷克。

## 3. 車縫肩線

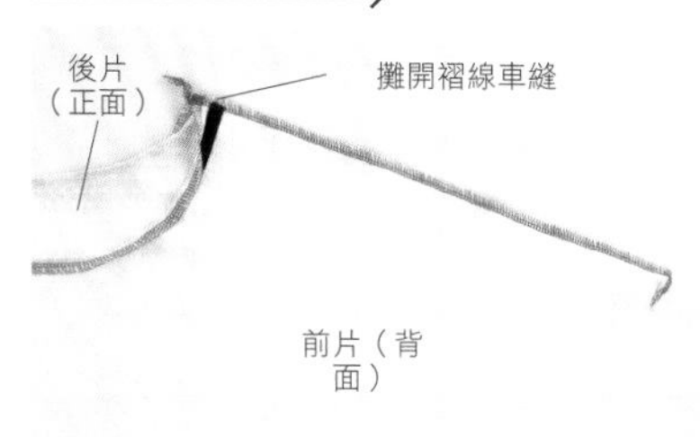

1 前後片正面相對疊合，拷克車縫肩線。

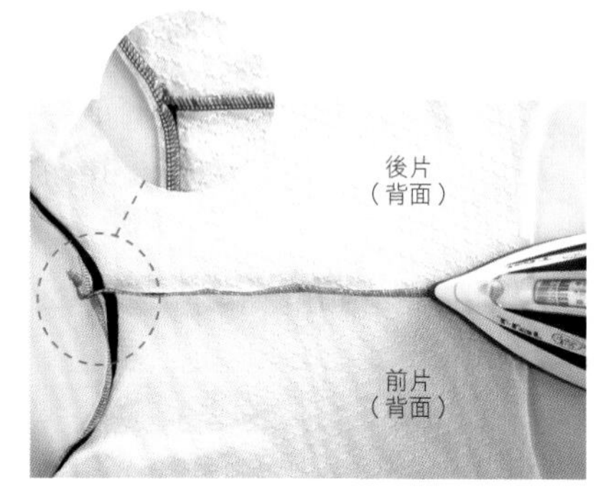


2 肩線縫份倒向後側熨燙整理。整理領圍褶線。

## 4. 車縫領圍

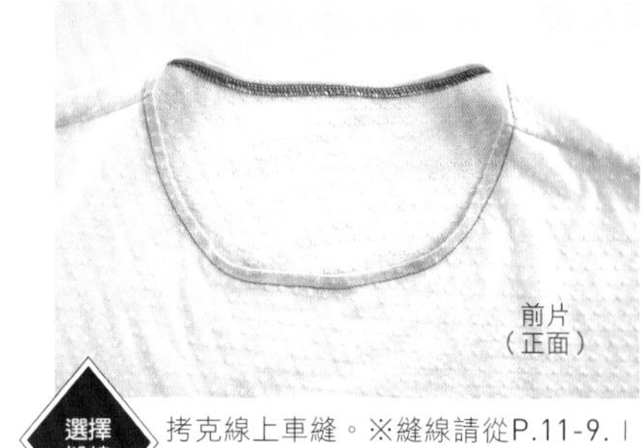


選擇縫線

拷克線上車縫。※縫線請從P.11-9. Ⅰ至Ⅲ選擇。

## 5. 摺疊袖口縫份

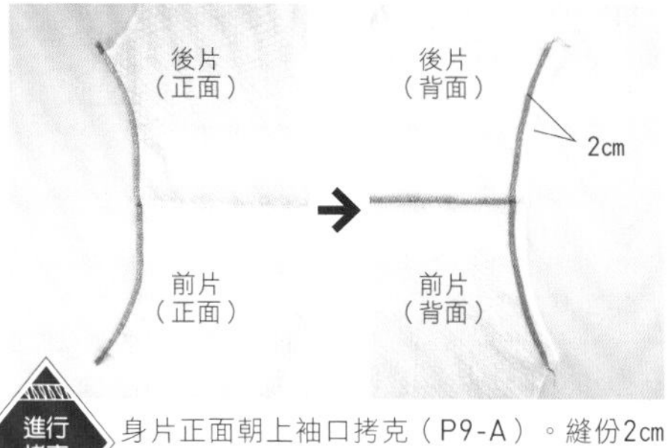


進行拷克

身片正面朝上袖口拷克（P9-A）。縫份2cm摺疊熨燙。※若使用繃縫機，則步驟7.無需事先拷克。

## 6. 車縫脇線

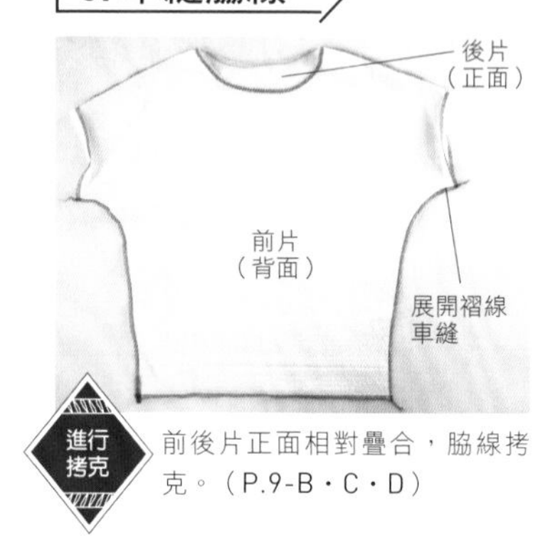


進行拷克

前後片正面相對疊合，脇線拷克。（P.9-B・C・D）

## 7. 車縫袖口

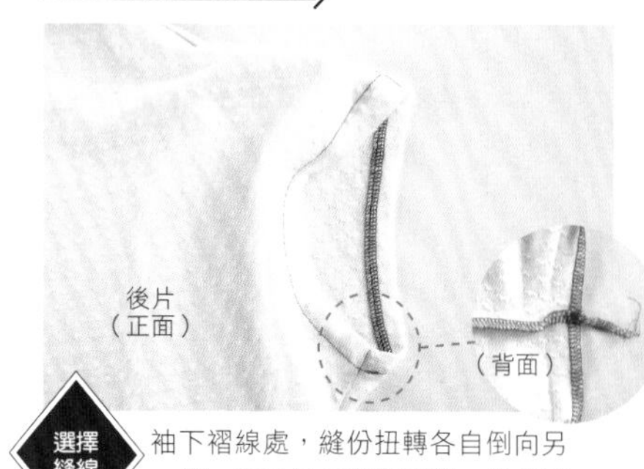


選擇縫線

袖下褶線處，縫份扭轉各自倒向另一側，摺疊袖口縫份車縫。※縫線請從P.11-9. Ⅰ至Ⅲ選擇。

## 8. 車縫下襬

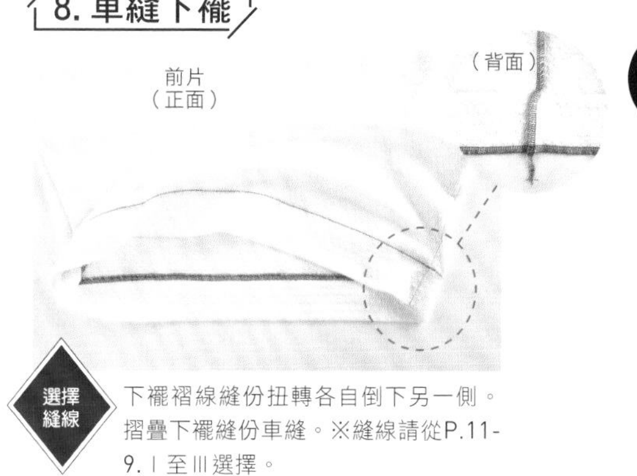


選擇縫線

下襬褶線縫份扭轉各自倒下另一側。摺疊下襬縫份車縫。※縫線請從P.11-9. Ⅰ至Ⅲ選擇。

## 完成

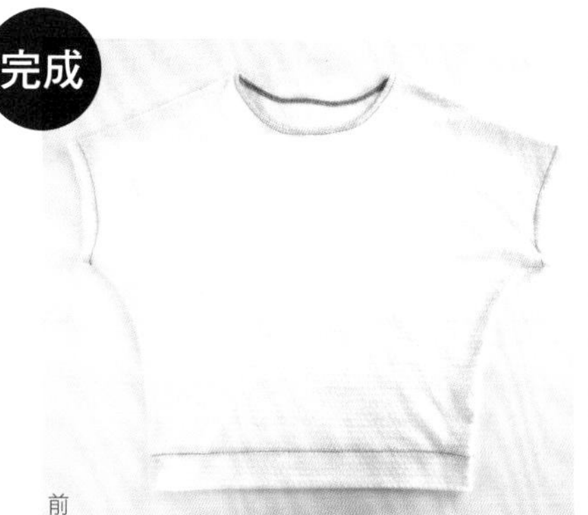

前

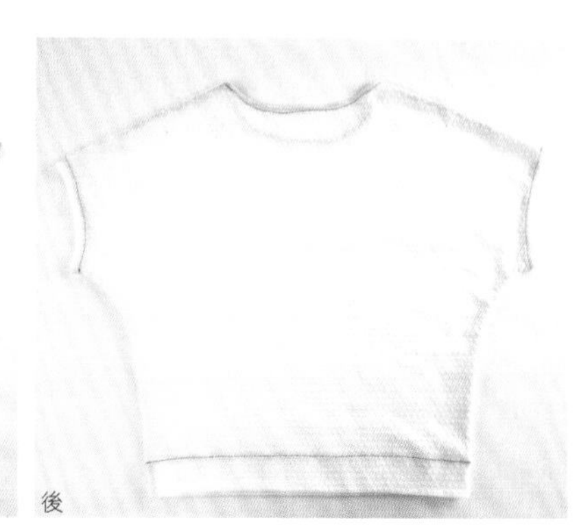

後

國家圖書館出版品預行編目 (CIP) 資料

我的極簡舒適手作服：拷克機作的 T 恤 & 針織服 & 帽 T / かたやまゆうこ著 ; 洪鈺惠譯 . -- 初版 . – 新北市 : 雅書堂文化 , 2022.04
面； 公分 . -- (Sewing 縫紉家 ; 43)
ISBN 978-986-302-618-1 ( 平裝 )
1. 縫紉 2. 衣飾 3. 手工藝

426.3　　111001636

Sewing 縫紉家 43

# 我的極簡舒適手作服
# 拷克機作的T恤&針織服&帽T

作　　者／かたやまゆうこ
譯　　者／洪鈺惠
發 行 人／詹慶和
執行編輯／劉蕙寧
編　　輯／蔡毓玲・黃璟安・陳姿伶
執行美編／周盈汝
美術編輯／陳麗娜・韓欣恬
內頁排版／造極
出 版 者／雅書堂文化事業有限公司
發 行 者／雅書堂文化事業有限公司
郵政劃撥帳號／ 18225950
戶　　名／雅書堂文化事業有限公司
地　　址／新北市板橋區板新路 206 號 3 樓
電　　話／ (02)8952-4078
傳　　真／ (02)8952-4084
網　　址／ www.elegantbooks.com.tw
電子信箱／ elegant.books@msa.hinet.net

2022 年 04 月初版一刷　定價 420 元

Lady Boutique Series No.4790
CUT & SEW MINNA NO CUTSEW

Original Japanese edition published in Japan by BOUTIQUE-SHA.
Chinese (in complex character) translation rights arranged with BOUTIQUE-SHA through Keio Cultural Enterprise Co., Ltd., New Taipei City, Taiwan.

經銷／易可數位行銷股份有限公司
地址／新北市新店區寶橋路 235 巷 6 弄 3 號 5 樓
電話／ (02)8911-0825
傳真／ (02)8911-0801



## かたやまゆうこ

裁縫達人。文化服裝學院畢業後進入出版界工作，以裁縫為主，專門負責手藝、洋裁等內容。退休後，以製作、修改、教學為主軸，從東京池袋開始開設手藝教室，現在活動於日本各處。通過全國性演講，傳達給大家不用拘泥任何規則，自由且更有效率的製作服裝的方法。著有《挑戰大人外套》（主婦和生活社刊）。

## Staff

攝影…回里純子
製作攝影…腰塚良彥
造型師…山田祐子
髮妝師…タニジュンコ
模特兒…美和子
封面設計…みうらしゅう子
編輯…根本さやか
編輯協力…渡辺千帆里 川島順子
校閱…中村有里

CUT&SEW

# CUT&SEW

CUT&SEW